中国历代花经丛书

『十三五』国家重点图书出版规划项目

普及类古籍整理图书专项资助项目

花佣月令

〔明〕徐石麒 著

化振红 译注

长江出版传媒 湖北科学技术出版社

总序

　　古人云：「花者，华也，气之精华也。」花是大自然的精华，是植物发展到高级阶段的产物，是生物界的精灵。

　　花有广义和狭义之分，广义的花即花卉，统指所有具观赏性的植物，而狭义的花主要说的是其中的观花植物，尤其是作为观赏核心的花朵。古人云："花者，华也，气之精华也。"花是大自然的精华，是植物发展到高级阶段的产物，是生物界的精灵。花是被子植物的生殖器官，是植物与动物对话的一种有效方式，有人曾说，"花的一切都是以诱惑为目的的"，花以鲜艳的色彩、浓郁的香味和精致的形态盛开在植物世界茂密无边的绿色中，引诱着蜜蜂等动物，也吸引着人类的目光。

　　人类对于花有着本能的喜爱，在世界所有民族的文化中，花总是美丽、青春、事物精华的象征。现代研究表明，花能激发人们积极的情感和其他深层次的心理变化，是人类生活中十分重要的伙伴。围绕着花，各种文化都发展起来，人们培植、欣赏、吟咏、歌唱、图绘、雕刻花卉，歌颂其美好形象，寄托深厚情愫，用以装点我们的生活，发挥积极的社会作用，衍生出五彩缤纷的文化内容。

　　我国是东亚温带大国，花卉资源极为丰富。我国又是文明古国，历史悠久。传统文化追求"天人合一"，尤其尊重自然，我国人民自古以来就十分喜爱和重视花卉。"望杏敦耕，瞻蒲劝穑""花心柳眼知时节""好将花木占农候"，这是我国农耕社会悠久的传统。对于普通的青春仕女来说，"花开即佳节""看花醉眼不须扶，花下长歌击唾壶",无疑是人生常有的赏心乐事,由此,花田、花栏、花坛、花园、花市等花景、花事应运而生,展现出无比美好的生活风光。而如"人心爱春见花喜""花迎喜气皆知笑"的描述一般,花也总是生活幸福美满的象征,梅开五福、红杏呈祥、牡丹富贵、莲花多子、菊花延寿等吉祥寓意不断萌发积淀,承载着广大民众美好的生活理想,逐步形成了中华民族系统而独特的装饰风习和符号"花语"。对于广大文人雅士来说,更重要的是系心寄情,吟怀托性。正如清朝湖南湘潭文人张璨一首打油诗所说,"书画琴棋诗酒花,当年件件不离它",花与诗歌、琴棋书画一样,都是士大夫精神生活中不可或缺的部分。他们引花为友,尊花为师,以花表德,借花标格,形成了深厚有力的思想传统,产生了难以计数的文艺作品与学术成果,体现着高雅的生活情趣和精神风范。正是我国社会各阶层的热情投入,推动我国花文化事业不断积累和发展,形成了我国花文化氤氲繁盛的历史景象,展现出鲜明生动的民族特色,蕴蓄了博大精深的文化遗产。

在精彩纷呈的传统花卉文化中,花卉园艺专题文献无疑是最值得关注的。根据著名农史学者王毓瑚的《中国农学书录》和王达的《中国明清时期农书总目》统计,我国历代花卉园艺专题文献达300种之多,其中不少作品流传甚广。如:总类通述的有《花九锡》《花经》《花

历》《花佣月令》等，专述一种的有《兰谱》《菊谱》《梅谱》《牡丹谱》等，专录一地的有《洛阳花木记》《扬州芍药谱》《亳州牡丹史》等，专录私家一园的有《魏王花木志》《平泉山居草木记》《倦圃莳植记》等。从具体内容看，既有《汝南圃史》《花镜》之类重在讲述艺植过程的传统农书，又有《全芳备祖》《花史左编》《广群芳谱》之类记载相关艺文、掌故、辞藻的资料汇编，也有《瓶史》《瓶花谱》等反映供养观赏经验的文献著述。此外，还有大量农书、生活百科类著作中的花卉园艺、造作、观赏等专题性质的材料，如明人王象晋《群芳谱》中的"花谱"、明人高濂《遵生八笺》中的"四时花纪""花竹五谱"、清人李渔《闲情偶寄》中的"种植部"等。以上种种，构成了我国花卉园艺文献的丰富宝藏，包含着花卉资源信息、种植技术、社会风习、欣赏情趣等方面的核心知识和专业经验。

经湖北科学技术出版社策划，我们拟对我国历代花卉园艺文献资料进行全面的汇集整理，并择取一些重要典籍进行重点注解诠释和推介普及。这里推出的《中国历代花经丛书》就是其中的开山趟路之作，侧重于古代花卉专题文献中篇幅相对短小、内容较为实用的10余种文献，编为以下10册。

1.《花佣月令》，明人徐石麒著，以12个月为经，以种植、分栽、下种、过接、扦压、滋培、修整、收藏、

防忌等九事为纬，记述各种花木的种植、管理事宜。

2.《花木小志》，清人谢堃著，细致地描述了作者30多年走南闯北过程中亲眼所见的140多种花木，其中不乏各地培育出来的名优品种。

3.《花九锡·花经》，唐人罗虬、五代人张翊著，后附几种相关著述，均为对花卉性格、神韵分门别类、品第高低的系统名录。

4.《花里活》，明人陈诗教著，着重汇集前代文献及当时社会生活中流传甚广的花卉故事。

5.《花历·花小名·十二月花神议·花信平章》，明人程羽文、清人俞樾、清人王廷鼎撰，重在记述花信月令方面的知识和说法。

6.《瓶花谱·瓶史·瓶史月表》，明人张谦德、袁宏道、屠本畯著，集中记述花枝培育、剪切、搭配、装饰的经验及情趣，相当于现在所说的插花艺术指导书。

7.《名花谱》，明人西湖居易主人撰，汇编了90多种名花异木物性、种植、欣赏等方面的经典资料。

8.《倦圃莳植记》，明人曹溶著，列述了40多种重要花卉以及若干竹树、瓜果、蔬菜的种植宜忌、雅俗之事，并对众多花木果蔬进行了品质优劣、情趣雅俗方面的品评，点面结合，由浅入深，比较系统地展示了士大夫阶层私家圃艺活动的内容和情趣。

9.《培花奥诀录·赏花幽趣录》，明人孙知伯著。前

者主要记述庭园花木一年四季的培植技巧，实用性较强；后者主要记录有关花木赏鉴的心得体会。

10.《品芳录》，清人徐寿基著，分门别类地介绍了136种花木的品相特征、种植技巧、制用方法等，兼具观赏和实用价值。

以上合计17种文献，另有少量附录，都是关于花卉品种名目、性质品位、时节月令、种植技法、养护方式、欣赏情趣的日常小知识、小故事和小情趣，有着鲜明的实用价值，无异于一部"花卉实用小丛书"。我们逐一就其文献状况、作者情况、内容特点等进行简要介绍，并对全部原文进行了比较详细的注释及白话翻译，方便广大读者阅读，希望得到广大园艺人士及花卉爱好者的喜爱。

程杰　化振红
2018年8月

题解

涂石麒《花佣月令》记载了250多种花木的栽培经验，在分栽移植、嫁接修整等方面提出了不少独到见解，至今仍有较高的借鉴价值。

徐石麒，字又陵，号坦庵，生卒年月不详。根据清儒焦循《北湖小志》、汪鋆《扬州画苑录》、现代学者刘师培《论中国近三百年学术史》的记述，可以知道徐石麒的祖籍是鄞县（今浙江宁波鄞州区），明初的时候举家迁往江都（今江苏扬州）。徐石麒幼年随父亲博涉典籍，精研名理，打下了比较扎实的学问基础。明朝灭亡后，不愿参加科举考试求取功名，于是便隐居在离扬州不远的甘泉县一带，专心致志地著书立说，完成了40多部、总计超过360卷的各类作品。主要包括《词府集丝》60卷、《在兹录》40卷、《壶天续笔》20卷、《诗余定谱》10卷、《蜗亭杂订》10卷、《谈经笥》8卷、《天籁谱》2卷、《转注辨》2卷、《花佣月令》1卷等。在明清之际的文人当中，"著述之富，未有过石麒者"。

徐石麒的学术兴趣十分广泛，在不少领域都取得了不俗的成就。他有《枕函待问编》《客斋余话》等哲学著作，非常注重阐发自己的独到见解，被历代学者赞誉为"语多精实"，"所言均前人所未发"；他还有《转注辨》《在兹录》《趋庭训述》等考据类著作，在传统语言文字学、历史学、文献学等方面也颇有建树。此外，徐石麒还精于书法、绘画，尤其擅长画梅、竹、松、菊、兰、水仙等。据《扬州画苑录》记载，徐石麒每次进城，住处都挤满了从四面八方赶来求画的人。不过，最受推崇的还是他的戏曲作品。

徐石麒一生创作了大量的戏曲作品，比较著名的有散曲《黍香集》3卷，杂剧传奇《大转轮》《九奇逢》

《拈花笑》《胭脂虎》《范蠡浮西湖》《彩鸾集》《珊瑚鞭》等。无论剧作是取材于现实生活还是历史故事，大都情节复杂，人物类型丰富，其中往往寄托着徐石麒对当时社会的激愤之情。例如，根据《梁史平话》《三国志平话》《古今小说》中的《闹阴司司马貌断狱》改编而成的杂剧《大转轮》，抒发了底层文人强烈的不满情绪，比较准确地反映了明清社会的真实面貌。焦循给予了"尤精度曲，入白仁甫、关汉卿之室""合于元人本色"的赞誉。清人阮元《淮海英灵集》卷七记载了一件趣事，著名剧作家、戏曲理论家李渔曾经专程到扬州拜访，因为看不起李的人品，徐石麒与他默坐终日，不发一言。遗憾的是，徐石麒的戏剧作品大多已经亡佚，只有《珊瑚鞭》等极少数存留至今。

　　像大多数隐居山林的文人一样，徐石麒对花木种植有着浓厚的兴趣。"花佣"是徐石麒的自称，意思是花匠、花工，也就是养花的人。"月令"本来是古书《礼记》的篇名，后来成了一种很有特色的农书体例，按照从一月到十二月的顺序，依次记录每年中各个时间段的物候情况及农事活动。如同焦循在序言中所说的，《花佣月令》"以十二月为经，以移植、分栽、下种、过接、扦压、滋培、修整、收藏、防忌九事为之纬"，比较详细地记述了江苏地区250余种花卉、果木的栽培方法及其养护措施、宜忌事项。其中的少部分内容是从历代文献中搜罗的花木栽培知识，大部分则是徐石麒从自身种植实践中总结出来的经验之谈，

在前代的文献中并没有太多的记载。以正月中的条目为例：

移众花："凡花木有直根一条，谓之'命根'。栽时，趁小便盘屈或用砖石承之，不令下生，则他日易移。"

移众树："移树无时，莫教树知。盖大留根垛，不可伤根，记其旧向。"

这两条出自南宋温革《分门琐碎录》中的种花法、种木法，原文分别为："凡花木，有直根一条，谓之'命根'。趁小时便盘了，或以砖瓦承之，勿令生下，则他日易移。""凡移树，不要伤动根须。阔掘垛，不可去土，恐根伤。谚云：'移树无时，莫教树知。'"阐述的是花木移植前的准备工作——提前盘好直根，以及树木移植过程中对树根保护的重要措施——带土移植、尽量避免损伤树木的根系。从字面上看，徐石麒对《分门琐碎录》的文字仅仅进行了少量的调整。

种枸杞："秋冬收于水中，接取晒干。春间，熟地作畦，扎草把，泥涂种之，细土、牛粪盖上。芽出浇水。堪食便剪。"

此条出自唐人韩鄂《四时纂要》，原文近百字，《花佣月令》删改成了30多字，比前面两条的改动要大得多。不难看出，经过修改的文字更为通俗，内容也更为精练。也就是说，作者并没有原封不动地照抄过去的文献资料，而是根据实际情况进行了精心加工。

整体上看，这两部分内容都应该经过了徐石麒自身种植实践的检验，对于花木栽培具有较高的实用价值。

　　由于花卉栽培并不直接关乎国计民生，唐宋以前的文人往往是不屑一顾的。正如北魏贾思勰《齐民要术·自序》所言，"花木之流，可以悦目，徒有春花，而无秋实，匹诸浮伪，盖不足存"。宋代以后，社会经济持续繁荣，衣食无忧的中上层文人竞相追逐安逸闲适的生活，养草种花逐渐成了高品位生活的象征。受这种思潮的影响，记述花卉培育经验的园艺类作品越来越多，王毓瑚《中国农学书录》收录的专门记载花卉种植技术的唐宋农书已有30余种，比较著名者如周师厚的《洛阳花木记》、陈景沂的《全芳备祖》、欧阳修的《洛阳牡丹记》、陆游的《天彭牡丹谱》、孔武仲的《芍药谱》、史铸的《百菊集谱》、赵时庚的《金漳兰谱》、陈思的《海棠谱》、范成大的《范村梅谱》等。

到了明清时期，这种社会风气进一步蔓延开来，尤其是像徐石麒这样家境殷实又无意功名的闲适文人，养花弄草往往成为他们排遣胸中郁闷、怡情养性的主要方式之一。因此，花卉种植类著作可谓层出不穷。根据闵宗殿《中国农业通史（明清卷）》统计，讲述花木栽培的明清农书在200种以上。《花佣月令》就是其中较有特色的一种。总体上看，《花佣月令》中的花卉知识、园艺操作方法，以常见花卉、盆景为主，兼及庭院瓜果、树木、蔬菜。对各种花木在不同时间段的生长情况，以及病虫害预防、修整嫁接、滋养培育、土壤肥料等事宜，都进行了比较详细而且通俗易懂的说明，虽然篇幅只有1.2万字左右，却不失为一部珍贵

的园艺文献资料。

《花佣月令》是徐石麒的自娱之作，因此外人很少知道。嘉庆年间，同县人焦循重新抄录了一遍，还写了一篇小序，但是并没有付刻。光绪十一年（公元1885年），江苏仪征吴丙湘把它收录到了《传砚斋丛书》中，逐渐流传开来。现在看到的《丛书集成续编》《续修四库全书》中的本子，都是依据吴丙湘屠守山庄刊本影印而成的。浙江人民美术出版社的《艺文丛刊》，收录了徐石麒的《花佣月令》、曹溶的《倦圃莳植记》，并进行了初步的整理。普通读者由此而得以窥其全貌。值得一提的是，根据日本汉学家天野元之助《中国古农书考》的介绍，1942年创元社出版了青木胜三郎译注的日文版，"除载有'译者的话'之外，译者还附上了'植物·九事便览'，而且插入了植物的日本名"。由此可见，《花佣月令》在日本汉学界也有一定的影响。

本书以《续修四库全书》收录的传砚斋丛书本为底本，以明清花卉文献为参证，对《花佣月令》进行了标点、校注、翻译。全书插图由随园草木工作室连燕婷、朱圣洁、曹天晓，网友澄怀般若、小鲸瑜，东南大学李玫博士，华中科技大学栗茂腾博士及科学网博主朱晓刚先生、张珑先生友情提供。

目录

《花佣月令》序

《花佣月令》一卷，吾乡徐坦庵[1]先生记栽种花树果蔬之书也。向[2]未知有此书，嘉庆丁卯六月于表兄谢良材家借录一通。其书以十二月为经，以移植、分栽、下种、过接、扦压、滋培、修整、收藏、防忌九事为之纬。盖其逸居湖上，岁以养花种树为乐，举所试而验者笔之于楮[3]也。昔子路使子羔为费宰[4]，孔子曰："贼夫人之子。"[5]盖不知治人之道，则刑[6]固伤之，恩亦伤之。犹种树者不知治树之道，则栽培、剪①伐皆无当也。柳宗元[7]作《郭橐驼传》以为官戒，吾于坦庵之书亦然。

江都焦循[8]记

小记

五月以来，五十日不雨，稻苗枯死，湖涸[9]不能行舟，草木黄落。去年水溢之田，又伤于旱。近立秋方得雨，连日争插老秧。其秧已死者，撒晚稻。人稍有生机，竹窗染绿，心目少豁[10]，录此书完，附志于此。又，前此未雨时，山农种豆，每田生虫如蟋蟀，尽啮[11]去豆芽而枯，亦异灾也。

七月初六

[校记]

① 原文作"翦"。"翦""剪"二字，古书中通用，下文均改为现在通行的"剪"。

◎ 译文

《花佣月令》一卷，是我同乡徐石麒先生记述花卉、树木、瓜果、蔬菜种植的书籍，以前并不知道有这本书。嘉庆丁卯年（公元1807年）六月，我从表哥谢良材家借到后抄录了一遍。这本书以一年中的十二个月为经线，以移植、分栽、下种、过接、扦压、滋培、修整、收藏、防忌等事宜为纬线撰写而成。大概是徐石麒隐居湖上，每年以养花种树为乐，把经过自己试验后有效的都记录到了纸上。从前，子路举荐子羔去费地为官，孔子说："这是在坑害别人家的孩子。"大概是批评为官者如果不明白管理百姓的道理，那么，他的刑罚会伤到百姓，施加的恩惠也同样可能伤害百姓。就像种树的人不懂得种树的方法，那么，他的栽种、修剪、砍伐都会不恰当。柳宗元写的《种树郭橐驼传》，成了官吏们的戒条。我认为徐石麒先生的这本书，也有同样的作用。

江都焦循记

小记

五月以来，五十多天没有下雨，田里的稻苗枯死了，湖泊干得无法行船，草木发黄凋落。去年被大水淹过的农田，又遭遇了大旱。快要立秋了才下雨，这些天忙着插老秧。插好后死掉的，又得改种晚稻。人已经慢慢地缓过了劲，竹窗重新染上了绿色，心稍稍放宽了一些。全书终于抄好了，又写了一篇小记附在后面。此前还没有下雨的时候，山农种豆苗，每块农田都生了蟋蟀一样的害虫，啃光了刚刚长出来的豆苗，豆苗差不多全枯死了，也算是很奇异的灾祸了。

七月初六

[注释]

[1] 徐坦庵：即徐石麒，号坦庵，别署坦庵道人。

[2] 向：向来，一向。罗贯中《三国演义》第十四回："臣向蒙国恩，刻思图报。"

[3] 楮（chǔ）：即构树。落叶乔木。叶子和茎上有硬毛，花淡绿色，果实球形。南宋戴侗《六书故·榖楮》："皮白叶长，实小，似覆盆子，其木不能高大，俗谓扁榖（gǔ），所谓楮也。楮皮沤之宜为纸。"因为楮树的皮可以造纸，古书中常常把纸称为"楮"。

[4] 子路使子羔为费宰：子路，孔子的门徒。名由，字子路，鲁国人。跟随孔子周游列国，为人刚直勇武，深受孔子器重。子羔，姓高名柴，卫国人，孔子的门徒，比孔子小30岁。后来以尊老孝亲著称，为官清廉，颇有仁爱之心，受到孔子的称赞。宰，古代官吏的通称。南宋郑清之《咏茄》诗："青紫皮肤类宰官，光圆头脑作僧看。如何缁俗偏同嗜，入口原来总一般。"

[5] 贼夫人之子：贼，祸害；夫，表示远指；夫人，相当于别人、他人。这句话出自《论语·先进》："子路使子羔为费宰，子曰：'贼夫人之子。'"子路推荐年轻的子羔去费地当官，孔子认为他年纪尚小，还需要进一步学习，于是斥责子路是在坑害别人家的孩子。

[6] 刑：惩罚、处罚。明人宋濂、王祎《元史·张珪传》："德以出治，刑以防奸。若刑罚不立，奸宄滋长，虽有智者，不能禁止。"

[7] 柳宗元（773—819）：唐代文学家、政治家。字子厚，河东郡（今山西运城）人，世人也称之为"柳河东""河东先生"。一生共创作了600余篇诗文作品，尤擅散文、骈体文。其《种树郭橐（tuó）驼传》是一篇兼具寓言和政论色彩的传记文，叙述了郭橐驼顺应树木自然习性的种树之道，树木因此而寿命延长、果实茂盛，借此讽喻当时的地方官吏扰民、伤民的行为，寄托了作者同情人民和改革弊政的愿望。橐驼，即骆驼，因为种树人腰弯背驼，所以得了这个外号。

[8] 焦循（1763—1820）：清代学者。字理堂（或作里堂），江苏扬州人。嘉庆六年（公元1801年）中举，次年参加礼部考试落榜，从此隐居山林。精于经史历算、音

莲花

韵训诂、戏曲理论，著作多达数百卷。重要者如《孟子正义》《雕菰楼易学三书》《里堂学算记》《剧说》《北湖小志》等。

[9] 涸（hé）：水干枯。清人曹雪芹《红楼梦》第五回："下面有一方池沼，其中水涸泥干，莲枯藕败。"

[10] 豁：舒展。宋人陆游《暮秋遣兴》诗："如虹壮气终难豁，安得云涛万里舟？"

[11] 啮（niè）：啃、咬。清人纪昀《阅微草堂笔记·滦阳消夏录三》："乌鲁木齐关帝祠有马，市贾所施以供神者也，尝自啮草山林中，不归皂枥。"皂枥即马厩（jiù），养马的地方。

花佣月令

江都徐石麒又陵著 仪征吴丙湘[1]校刊

　　一、移植（凡栽植花木，忌南风及火日[2]。凡移接[3]过花树，须令接头在土外，栽不宜过深。）
　　二、分栽（二月，天和土融[4]。凡花皆可栽。）
　　三、下种
　　四、过接（凡过接，宜在雨水[5]后。若天冷，还待二月。凡接贴[6]，春分[7]日为妙，少迟亦可。）
　　五、扦压[8]（凡可扦者，皆可压。）
　　六、滋培[9]（凡可肥浇者，皆宜壅[10]。）
　　七、修整
　　八、收藏
　　九、防忌

◎ 译文

　　一、移植(凡是种植花草树木，不能在南风天以及火日。凡是移植嫁接过的花草树木，必须把接头露在土壤的外面，不能栽得太深。)
　　二、分栽（阴历二月，气候和暖，土块松软。各种花草都可以种植。）
　　三、下种
　　四、过接(凡是嫁接花草，应该在雨水后。如果天气寒冷，就需要等到阴历二月。凡是接贴花木，春分是最合适的时间，稍晚几天也可以。)

五、扦压(凡是可以扦插的花草，都可以用压条的方法种植。)

六、滋培(凡是可以施肥浇水的，都应该培土。)

七、修整

八、收藏

九、防忌

[注释]

[1] 吴丙湘(1850—1896)：字次潇，江苏仪征人。光绪十六年(公元1890年)进士。室名传砚斋，辑刻有《传砚斋丛书》，《花佣月令》就收录在这部丛书中。

[2] 火日：古代阴阳五行的迷信说法。黄历中一般都会标明火日、水日的具体日期。

[3] 接：嫁接，指把一种树木的枝条接在另一种树木上，目的是缩短树种繁殖的自然年限，提高树木成活率以及果子的品质，或者培育树木新品种。大致说来，魏晋南北朝称"插"，唐代以后称"接""接树"。

[4] 天和土融：意思是气候和暖，土壤松软。

[5] 雨水：传统的二十四节气之一，在阳历2月19日前后。

[6] 接贴：在树木嫁接过程中，切去树砧(zhēn)上的一块树皮，然后贴上一块相同大小的芽片。

[7] 春分：传统的二十四节气之一，在阳历3月20日或21日。

[8] 扦压：扦即扦插，直接把花木的枝条插进土里，生根抽枝，形成新的植株。宋人温革《分门琐碎录·种木法》："凡扦杨柳，先于其扦，下钻一窍，用沙木作钉，钉其窍而后栽，则永不生毛虫。"压即压枝，又称"压条"，把植物枝条的一部分刮去表皮后埋进土里，生根以后把它同母株分开，长成另外一棵植株。南宋吴怿《种艺必用》："木瓜，种子及栽皆得，压枝亦生。栽种与桃李同，须经霜方可收子。"

[9] 滋培：滋，滋养、养护。培，往花木根部堆积泥土、灰粪。宋人温革《分门琐碎录·木总说》："木自南而北多苦寒而不生，只于腊月去根旁土，取麦穰厚覆之，然火成灰，深培如故，则不过一二年皆结实。"

[10] 壅(yōng)：把粪土堆积到花木根部，以保护花木的根系，增加土壤养分。元人张福《种艺必用补遗》："砧上有叶生则旋去之，仍以粪灰壅其根，外以刺棘遮护，勿使有物动掇其枝。"

正 月

立春[1] 为正月节[2]，雨水为正月中。

◎ **译文**

　　立春是正月的节令，雨水在正月中间。

[注释]

　　[1] 立春：传统二十四节气之一，在阳历2月3日、4日或5日，又称"打春"。"立"的意思是开始，"立春"即春季的开始。

　　[2] 正月节：节，节令。古代以立春、立夏、立秋、立冬及春分、秋分、夏至、冬至为八节；后分一年为二十四节。宋人王应麟《汉制考》卷三："汉之时，立春为正月节，惊蛰为正月中，雨水为二月节，春分为二月中。"汉代以后，雨水被调整到了正月。

移植

移木兰 [1]。（即玉兰，花放时移栽，肥土则茂，最忌水浸。）

移众花。（凡花木有直根一条，谓之命根 [2]。栽时，趁小便盘屈或用砖石承之，不令下生，则他日易移。）

移众树。（是月，各树皆可移。用谷调泥浆于根下 ①，乃栽。一云："移树无时，莫教树知。" [3] 盖大留根垛 [4]，不可伤根，记其旧向。此移树总法，不独正月为然也。）

移竹秧。（宜用初二日。）

移玉簪 [5]。（此物喜水，移栽肥土则茂。盆移亦可。或正月天寒，芽未出土，则俟 [6] 二三月。）

移果树。（宜在雨水前，上旬尤妙。若望 [7] 后，则结实稀少。其栽法与移众树同。）

移瓯兰 [8]。（就山取原塪 [9] 者栽阴处，根大者为妙。干时浇以清水。）

移松。（宜山冈地，墙边篱下种之。）

移桑。（宜山冈地，墙边篱下种之。）

[校记]

① 原文抄漏了"于""下"。这段文字最早出自南宋温革《分门琐碎录·木总说》："移树，用谷调泥浆于根下，日沃水，无不活者。"《种树书》《农政全书》《授时通考》的引文中都有"于""下"。如果缺少这两个字，句子不够通顺。

白玉兰　　　　　　　　　　　玉簪

◎ 译文

移植木兰。（木兰就是玉兰，应该在花开的时候移植。如果土壤肥沃，玉兰就一定很茂盛。最忌讳的是根被浸到水中。）

移植各种花。（凡是花木都会有一条直根，这就是人们所说的命根。种植的时候，趁植株还比较小，把它的直根盘起来或者用砖块垫在下面托住它，不让它朝下生长，以后就容易移栽了。）

移植各种树木。（正月，各种树都可以移栽。用谷壳拌泥浆置于根部，然后栽种。有一个说法："移植树木没有固定的时间，不要让树知道。"大致是说，树根部位多留一些老土，不要伤到树根，记住原先的朝向。这是移栽树木总的法则，不只是正月才这样。）

移植竹子幼苗。（最好在初二。）

移植玉簪。（这种植物喜欢水，移栽到肥沃的土壤里就能长势茂盛。也可以移栽到花盆中。有时正月里天气寒冷，嫩芽还没有从土壤中长出来，就等到阴历二月、三月玉簪发芽后再进行移植。）

移栽果树。（应该在雨水前，上旬的十天最为合适。如果是在每月十五日以后移栽，结出的果实就比较稀少。移栽的方法和其他树木相同。）

移栽瓯兰。（靠近山地，取原地的老土，种植在背阴的地方，根部越大越好。如果土壤干燥，就用清水浇灌。）

移栽松树。（应该移栽到山冈之地，种到墙角、篱笆下边。）

移栽桑树。（应该移栽到山冈之地，种到墙角、篱笆下边。）

[注释]

[1] 木兰：一种落叶乔木，原产于我国。高可达15米，树干直立，叶片较大较肥厚，椭圆形，互生，正面为绿色，背面呈黄色。2—3月开花，开花后长叶，花为白色，花瓣宽大，芳香。清人汪灏《广群芳谱》："木兰，一名木莲，一名黄心，一名林兰，一名杜兰，其香如兰，其花如莲，其心黄色。一名广心树。""似楠，高五六丈，枝叶扶疏，叶似菌桂，厚大无脊，有三道纵纹，皮似板桂，有纵横纹，花似辛夷，内白外紫，四月初开，二十日即谢，不结实。亦有四季开者，又有红、黄、白数色。"

[2] 命根：植物的主根。宋人韩彦直《橘录·培植》："树高及二三尺许，剪其最下命根，以瓦片抵之，安于土，杂以肥泥，实筑之。"关于花木命根的这段文字出自南宋温革《分门琐碎录·种花》："凡花木，有直根一条，谓之命根。趁小时便盘了，或以砖瓦承之，勿令生下，则他日易移。"

[3] 移树无时，莫教树知：这是一条早在唐宋时代就已经广为流传的谚语。意思是移栽树苗时不必拘泥于特定时间，要注意轻移轻栽，多留根部旧土，尽量不破坏原先的土壤环境。宋人温革《分门琐碎录·种木法》："凡移树，不要伤动根须。阔掘垛，不可去土，恐根伤。谚云：'移树无时，莫教树知。'"

[4] 根垛（duò）：植物的根堆。明人俞宗本《种树书·竹》："种竹不拘四时，凡遇雨皆可。若遇火日及西南风则不可，花木亦然。移时须是根垛大，维以草绳，仍向背不致其旧为佳。"

[5] 玉簪（zān）：多年生草本植物，叶片较大，呈心形，7—9月开花，花为白色，

形状像百合花，其中有根花蕊特别长。又叫"玉春棒""白鹤花""玉泡花""白玉簪"。清人汪灏《广群芳谱》："汉武帝宠李夫人，取玉簪搔头，后宫人皆效之，玉簪花之名，取此。一名白萼，一名白鹤仙，一名季女。白萼象其色，白鹤象其形，季女象其卦，处处有之。"

[6] 俟（sì）：等待。元人王祯《王祯农书·百谷谱》："俟成苗，必移栽之，厚加培壅。草即锄之，旱即灌之。"

[7] 望：阴历的每月十五日。

[8] 瓯（ōu）兰：兰花的一个品种。清人陈淏（hào）子《花镜》："瓯兰，一名报春，先多生南浙阴地山谷间，叶细而长，四时常青，秋发蕊，冬尽春初开花，有紫茎、玉茎、青茎者，一茎一花，其紫花黄心、白花紫心者酷似建兰，而香尤甚，盆种之清芬，可供一月。"

[9] 墎（guō）：即郭，古代的另一种写法，意思是城郭。

分栽

栽松秧。（立春后，带土栽培，百株百活。俗云："正月拔来栽，二月掘[1]来栽，三月莫来栽。"[2]柏树亦然。天干浇水。）

栽大竹[3]。（取西南根，于东北角栽之，其鞭[4]自然向西南行，盖竹性所向也。栽法见五月。）

分玉簪。（芽长一二寸即可分。此物须二三年分一次，否则根结无花。）

栽葱韭。（去须晒干，疏行密排[5]，用鸡粪盖。）

分栀子[6]。（根下远出者分栽之，但须泥水浆根[7]，则易活。）

◎ 译文

栽种松树苗。（最宜在立春后，要带土栽培，能百分百存活。俗话说得好："正月里拔来栽，二月挖来栽，三月不要栽。"种柏树也是这种方法。天气干燥时要及时浇水。）

栽种大的竹子。（要取它西南方向的根，栽种在东北角，这样竹鞭必然往西南方向生长，这大概是竹子的本性决定的。具体栽种方法见五月。）

分栽玉簪。（等嫩芽长到一两寸时就可以分栽了，这种植物需要两三年就分栽一次，否则它的根会结在一起，不能开花。）

种植葱和韭菜。（需要去掉根上的毛须并晒干，行与行之间要隔得远一些，列与列之间则可以紧密些，然后用鸡粪盖在上面。）

分栽栀子花。（选择根下离得远的植株栽种，但是，分栽的根要用泥水浸润，这样才容易成活。）

旱金莲

栀子

[注释]

[1] 揠（yà）：挖出。清人袁枚《随园诗话补遗》："余在山阴，徐小汀秀才交十五金买全集三部。余归，如数寄之。未几，信来，说信面改'三'作'二'，有揠补痕，方知寄书人窃去一部矣。"

[2] 正月拔来栽，二月揠来栽，三月莫来栽：这是一条明清时代的农业谚语。大意是正月、二月栽种的松树、柏树很容易成活，一旦到了三月，就错过了栽种的最佳时机。

[3] 栽大竹：这段描述竹子生长习性的文字，最早见于《齐民要术·种竹》。其直接来源则是南宋温革《分门琐碎录·竹杂说》："凡种竹，正月二月劚（zhǔ）取西南根，于东北角种之，其鞭自然行西南。盖竹性向西南行也。"仅仅调整了部分字词，基本意思没有变化。

[4] 鞭：指竹鞭，也就是竹子在地下的茎，横向生长。

[5] 疏行密排：意思是行与行的距离要宽一些，列与列之间植株的距离要密一些。

[6] 栀子：一种常绿灌木或小乔木，叶子呈椭圆形，花为白色，香气浓烈，可供观赏，果实可以入药。根据明人文震亨《长物志》的记载，古代有"檐卜""越桃""林兰""禅友"等多个不同的名称，"栀子"是它的民间俗称。

[7] 浆根：指用泥水浸润分栽的栀子根，从而提高栀子的成活率。

下种

种核桃。（用草绳缠，浸粪坑中。七日，取起种之。）

种桃子。（先于暖处为深坑，纳湿牛粪于内。取核，将小头向下埋之，厚盖松土 [1] 尺许 [2]。春深芽生，移栽实地。）

种枸杞 [3]。（秋冬收于水中，挼 [4] 取晒干。春间，熟地作畦 [5]，扎草把，泥涂种之，细土、牛粪盖上。芽出浇水。堪食便剪。）

种香蕈 [6]。（取烂榖木 [7] 截断埋水地，用草盖上，以米泔水 [8] 浇之则生。宜用丁日开采。）

种椒。（预拣大椒极熟者，阴干，收子，种润地，草荐 [9] 盖之。待出芽时去荐，用麻饼 [10] 粪灰壅之。）

种芋。（用已熟过粪密排之，即生芽。）

种冬瓜。（三十日傍墙为区 [11]，圆三寸，深五寸，著粪 [12] 种之。）

种王瓜 [13]。（宜三十日。）

种杏。

种何首乌 [14]。（此可食者，非药物也。种法与山药同，亦可与山药共种。）

种薏苡 [15]。

种早茄。

种橄榄 [16]。（或云，其核至坚难出，须磨去尖头种之，方生。芒种 [17] 后出芽，不磨亦出。）

种枣。

种山药 [18]。（作二尺深坑，用七分灰拌松土，将好博山 ① 药断作寸许段，石灰蘸两头，不用铁刀为妙。稀稀横

苘麻

布，最宜粪多，一年可挖用。）

种生菜。（种不拘时，尽则再种。谚云"生菜不离园[19]"是也。）

种松。

种桑。

种榆。

种柳。（以上四木，俱宜上旬。）

种葵。

种麻。

种韭。

种葱。

[校记]

　　① 原文没有"山"，根据文意补充。

◎ **译文**

　　栽种核桃树。（用草绳缠好树苗，浸到粪坑中，七天后，取出来栽种。）

　　栽种桃树。（挑选温暖的地方挖一个深坑，放一些湿牛粪进去。取出桃核，小头朝下埋好，盖上厚厚一层松软的泥土，厚度在一尺左右。到了春天，生出新芽，移栽到实地上。）

　　种植枸杞。（秋冬季节，采收种子浸到水里，揉搓洗净，取出晒干。等到春天，在熟地上整好沟垄，扎草把子，把泥涂在草把子上，然后把种子播种在泥上，再用细土和牛粪全都覆盖上。嫩芽出来后浇水，能吃的时候就剪下来。）

　　种植香蕈。（选一节腐烂的构树，截断后埋到有水的土里，盖上草，用淘米水浇灌，就能长出香蕈。适宜在丁日那天采摘。）

　　种花椒。（预先挑选熟透的大花椒，在阴凉通风处晾干，取出种子，种到湿润的土里，用草垫子盖在上面。等到发芽的时候去掉草垫子，将麻饼、粪灰堆在它的周围。）

种芋头。（把熟粪堆在密密排列的芋头周围，芋头就会发芽。）

种冬瓜。（阴历正月三十，靠墙边挖好三寸圆、五寸深的小穴，上粪，然后种下。）

种王瓜。（适宜在阴历正月三十种植。）

种杏树。

种何首乌。（这里指可以食用的何首乌，不是药用的。种植的方法与山药相同，也可以和山药种到一起。）

种薏苡。

种早熟茄子。

种橄榄。（有一种说法：橄榄核过于坚硬，很难长出芽，必须磨去尖头栽种，才能长出来。芒种后发芽，就算不磨尖头，也可以长出来。）

种枣树。

种山药。（挖二尺深的坑，用七分灰拌三分松软的土，挑选外形粗大的好山药，切成一寸左右的小段，用石灰蘸两头，最好不用铁刀切。排得稀疏一些，粪越多越好，一年就可以挖来食用。）

种生菜。（不需要考虑种的时间，吃完就种。就像谚语"生菜不离园"说的那样。）

种松树。

种桑树。

种榆树。

种柳树。（上面这四种树，都适宜在上旬种植。）

种葵菜。

种麻子。

种韭菜。

种葱。

[注释]

[1] 松土：松软而不板结的土。

[2] 许：表示约略估计的数字。宋人韩彦直《橘录》："金橘生山径间，比金柑更小，形色颇类，木高不及尺许，结实繁多，取者多至数升。"

[3] 枸杞：多年生落叶小灌木。叶子呈小椭圆形，花淡紫色，果实鲜红如豆。叶可作蔬菜，果实、根皮可入药。明人徐光启《农政全书·枸杞》："一名'枸棘'，一名'天精'，一名'地仙'，一名'却老'，一名'苦杞'，一名'甜菜'，一名'地节'，一名'羊乳'。"

[4] 挼（ruó）：用手掌揉搓。北魏贾思勰《齐民要术·笨曲并酒》："以曲末于瓮中和之，挼令调匀。"

[5] 畦：农田中的长条形田块。中间隆起，两边低陷，主要用来排水。

[6] 香蕈（xùn）：即香菇，一种生长在林木或草地上的食用菌，表面呈黑褐色，有裂纹，菌柄呈白色。味道鲜美，营养价值极高。李时珍《本草纲目》："香蕈生深山烂枫木上，小于菌而薄，黄黑色，味甚香美，最为佳品。"又名"花菇""冬菇"等。

[7] 穀（gǔ）木：即构树，一种落叶乔木。叶阔卵形，初夏开淡绿色小花，果实呈圆球形，成熟时鲜红色。树皮为灰暗色，可以造桑皮纸。树皮光滑，构树适应性很强，分布广泛，生长迅速，多用来造纸。

[8] 米泔水：淘米水。明人俞宗本《种树书·花》："灌溉花木，各自不同。木樨当用猪粪，瑞香当用焠猪汤，葡萄当用米泔水，肉汁尤妙。"

[9] 草荐：用干草或谷秆编织成的垫子。明人唐顺之《牌》："令于房檐或门楼下，各得草荐一条，或稻草、乱草上卧下，盖以免寒冻。"

[10] 麻饼：麻沤烂后与灰土混合而成的饼，用作肥料。明人俞宗本《种树书·木》："凡木，捣麻饼杂粪灰壅之，则枝叶茂。"

[11] 区（ōu）：古代农民播种时挖成的小穴。区种法是北方旱作地区发明的作物栽培方法，将种子点播到区中，集中灌溉和施肥。便于充分利用山坡丘陵之地，提高作物产量，节约肥料和灌溉用水。由于过分耗费人力，一直没能大面积推广。

[12] 著粪：把粪上到地里。唐人韩鄂《四时纂要·二月·种茶》："种茶，二月中于树下或北阴之地开坎，圆三尺，深一尺，熟劚，著粪和土。"

[13] 王瓜：葫芦科多年生的藤本植物，夏季开花，果实呈椭圆形，成熟后呈红色。古代有很多别名，清人汪灏《广群芳谱》："王瓜，一名'土瓜'，一名'野甜瓜'，一名'马胞瓜'，一名'赤雹子'，一名'老鸦瓜'，一名'师姑草'，俚人名'公公须'。"

[14] 何首乌：一种多年生草本植物，叶片呈心形，开白色或淡绿色小花。根茎可以食用，也可以入药。宋人高承《事物纪原·何首乌》："本曰'夜合藤'。昔有姓何人，见其叶夜交，异于余草，意其有灵，采服其根，老而不衰，头发愈黑，即因之名曰'何首乌'也。"

[15] 薏苡：一年生或多年生草本植物。籽实含淀粉，可以食用、酿酒，也可以入药。南朝宋人范晔《后汉书·马援传》："初，援在交阯，常饵薏苡实，用能轻身省欲，以胜瘴气。"交阯即交趾，在今越南境内。

[16] 橄榄：果树名，也是其果实的名称。一种常绿乔木。果实呈椭圆形，青色，味道略苦涩，可以食用，也可以入药。

[17] 芒种：传统二十四节气之一，在阳历6月6日前后。

[18] 山药：即薯蓣，植物名称。块茎呈圆柱形，常作食物，也可入药。宋人陈景沂《全芳备祖后集》："山药本名薯蓣，唐时避代宗讳，改下一字，名曰'薯药'。及本朝，避英宗庙讳，又改上一字名曰'山药'。"

[19] 生菜不离园：生菜长得很快，需要随时采摘，因此，菜农不能离开菜园。这是一条早在宋代就已经产生的农业谚语。宋人温革《分门琐碎录·种菜法》："生菜种之不必拘时，才尽则下种，亦便出。谚云'生菜不离园'，以不时而出也。"

过接

接腊①梅。（用九英[1]梅根，磬口枝最妙，或过贴，更易活。）

接梅。（单瓣梅根接千叶好花，桃根亦可接。楝树[2]接之则成墨梅[3]。又有以一根劈开接四色梅者。）

接梨树。（用棠梨树根接好梨。一云："桑上接梨，脆美而甘。"[4]）

接桃树。（花者，以单瓣接千叶；果者，以小桃接大桃。以桑根接之则为桑桃，俗误称"湘桃"。）

接海棠[5]。（如二月法。）

接牡丹[6]。（立春日逢子，茄②根上接牡丹，一月花开。）

接柿。（以柿接柿，接过则成方柿[7]。结实大而甘。）

接枣。（以棘根接佳枣。）

接樱桃[8]。（宜中旬。如天寒，尚俟二月。）

接蔷薇[9]。（黄蔷薇宜中旬，紫蔷薇宜下旬。）

接桂。（宜中旬。）

接栗。

接杏。（宜下旬。）

接李。（亦宜下旬，以李根接桃则为桃李。）

接徘徊[10]。（宜中旬。）

接半丈③红[11]。

贴众花。（是月，凡可接者皆可过贴，但取形性相近为妙。）

红梅

垂丝海棠

[校记]

① 此处尊重影印版原文，未修改成现代汉语要求使用的"蜡"字。后文同类地方均做此处理。

② 原文误作"工加"，此条出自南宋温革《分门琐碎录·接花法》："立春如是子日，于茄根上接牡丹花，不出一月即烂熳也。"

③ 丈，原文误为"支"，此条出自南宋张约斋《种花法》，原书已失传。张世南《游宦纪闻》卷六引用了其中的一段，"张约斋《种花法》云：春分和气尽，接不得；夏至阳气盛，种不得。立春、正月中旬，宜接樱桃、木樨、徘徊、黄蔷薇。正月下旬，宜接桃、梅、李、杏、半丈红、腊梅、梨、枣、栗、柿、杨梅、紫薇。"《种树书》《农政全书》也都引为"丈"。

◎ **译文**

　　嫁接蜡梅。（用九英蜡梅的根，最好的是磬口蜡梅枝。过贴之后更容易成活。）

　　嫁接梅花。（单瓣梅树的根与重瓣的梅花相接开的花最好，桃树根也可以用作砧木。嫁接在楝树上就会长成墨梅。也有人把一条树根劈开，接上四色梅。）

　　嫁接梨树。（用棠梨的树根作砧木能够嫁接出好梨。有一种说法是："在桑树上嫁接梨树，结出的梨口感脆美而且甘甜。"）

　　嫁接桃树。（想让花好，就把开单瓣花的桃枝接到开重瓣花的桃树上；想让果好，就把桃子小的树嫁接到桃子大的树上。桃树嫁接到桑树根上就会结出桑桃，民间把它误称为"湘桃"。）

　　嫁接海棠。（同二月嫁接的方法。）

　　嫁接牡丹。（如果立春那天是子日，把牡丹接到茄子根上，一个月内就会开花。）

　　接柿树。（用柿子树嫁接，接完以后就能长出方柿子，结出的果实

李花

大而甘甜。)

嫁接枣树。(用棘树的根嫁接，结出好枣。)

嫁接樱桃。(适宜在中旬嫁接，如果天气还很冷，就等到二月。)

嫁接蔷薇花。(黄蔷薇花适宜在中旬嫁接，紫蔷薇花适宜在下旬嫁接。)

嫁接桂树。(适宜在中旬嫁接。)

嫁接栗子树。

嫁接杏树。(适宜在下旬。)

嫁接李子树。(也适宜在下旬嫁接，把李树根接到桃树上，长出的果实就是桃李。)

嫁接玫瑰。(适宜在中旬。)

嫁接半丈红。

接贴各种花。(正月里，凡是可以嫁接的树木都可以接贴，但是最好选取外形、习性相近的。)

[注释]

[1] 九英：包括后文提及的"磬口"在内，都是蜡梅的品名。九英的特点是花有九瓣，没有经过嫁接；磬口的花很大，盛开时也像待放的花，经过了嫁接。明人周文华《汝南圃史·木本花部》："(蜡梅) 凡三种，夏间子熟，采而种之，秋后发芽，浇灌得宜，数年方可分栽。不经接者，花小香淡，其品下，俗呼'狗蝇梅'，或作'九英'，以其花九瓣故也。经接者，花肥大而疏。虽盛开，花常半含，名磬口梅，最先开，色深黄如紫檀，花密香浓，名檀香梅，此品最佳。"

[2] 楝树：落叶乔木，四五月间开淡紫色小花，果实为球形，成熟后为黄色。根皮、树皮、果实均可药用。清人汪灏《广群芳谱·楝花》："叶可练物，故谓之'楝子'，如小铃，熟则黄色，《本草》一名'苦楝'。"

[3] 墨梅：与楝树嫁接后形成的梅花品种。宋人温革《分门琐碎录·接花法》："苦楝树上接梅花，则花如墨梅。"

[4] 桑上接梨，脆美而甘：桑树上嫁接梨枝，长出的果子甜脆美味。这条谚语最

芍药

早出自南宋温革《分门琐碎录·种桑法》："榖树上接桑，其桑肥大；桑上接梨，脆美而甘。撒子种桑，不若压条而分根茎。"

[5] 海棠：落叶乔木。叶子卵形或椭圆形，春季开花，白色或淡红色。种类很多，主要有西府海棠、垂丝海棠、贴梗海棠和木瓜海棠四种。清人汪灏《广群芳谱》："海棠有四种，皆木本。贴梗海棠，丛生，单叶，花磬口深红，无香，不结子，新正即开，亦有四季花者，花五出，初极红如胭脂点点，然及开则渐成缬晕，至落则若宿妆残粉矣；垂丝海棠，树生，柔枝长蒂，花色浅红，盖由樱桃接之而成，故花梗细长似樱桃，其瓣丛密而色娇媚，重英向下，有若小莲；西府海棠，枝梗略坚，花色稍红；木瓜海棠，生子如木瓜，可食。"

[6] 牡丹：原产于我国的观赏花卉，茎杆直立，花开于枝顶，大如碗口，重瓣，花色很多，大多在5月开花。唐代以前没有"牡丹"这一名称，统称为"芍药"，唐代以后改称"木芍药"。明人周文华《汝南圃史·牡丹》："芍药有二种，有草芍药，有木芍药。木者花大而色深，俗呼为牡丹。""牡丹，花之富贵者也，木本，大者高四五尺。八月，枝上发赤芽，来春二月即发蕊如拳，稍舒则变成绿叶，有稏（yà）花著叶中，三月谷雨前开。"

[7] 方柿：即方蒂柿，柿子的品种之一，柿蒂和长出的柿子都呈方形。宋人范成大《吴郡志·土物下》："方蒂柿，出常熟。蒂正方，柿形亦方，色如鞓（tīng）红，味极甘松，它红柿无能及者。近年城中园户亦接其种，然味不及常熟。"

[8] 樱桃：落叶灌木，原产于美洲。叶子呈椭圆形，开白色或粉色小花，果实为小球状，成熟后为红色。明人周文华《汝南圃史·樱桃》："古名'楔桃'，一名'荆桃'，一名'朱桃'，一名'含桃'，一名'英桃'，又名'莺桃'。""处处有之，而洛中、南都最胜。其实熟时，深红色曰'朱樱'，正黄色者曰'蜡樱'。极大若弹丸，核细而肉厚者为难得。"

[9] 蔷薇：落叶灌木，茎干细长有刺，花重瓣，比玫瑰略小，白色或淡红色，有芳香，可供观赏，果实可以入药。清人汪灏《广群芳谱·蔷薇》："草蔓柔靡，依墙援而生，故名。"

[10] 徘徊：即"徘徊花"，玫瑰花的别名。明人田汝成《西湖游览志余·委巷丛谈》："（玫瑰花）宋时宫院多采之，杂脑麝以为香囊，芬氲袅袅不绝，故又名'徘徊花'。"

[11] 半丈红：棠棣的别名。宋人梁克家《淳熙三山志·土俗类三·物产》："半丈红，花如御带而差大，一名棠棣。"宋人陆游《半丈红盛开》诗："满酌吴中清若空，共赏池边半丈红。"

扦压

扦木香[1]。（剪条插土亦可活，不如扳枝入土，厚泥壅之。月余生根，移栽易活。）

扦锦带[2]。（剪五寸长枝，插松土中，日浇清粪水，二十日即发。）

扦栀子。（枝扦松土，时浇清水，可活。如正月天寒，还以二月及梅天为妙。扳枝压土，逾年生根。）

扦石榴[3]。（法见二月。如天冷，须待春分及梅天。）

扦蔷薇。（各色俱可剪枝，扦法见二月。）

扦金雀[4]。

扦玫瑰[5]。

扦紫薇[6]。

扦棣棠[7]。

扦白薇。

扦银杏。

扦长春[8]。

扦樱桃。（干则润之以水。）

扦西河柳[9]。

扦杨柳。（大桩，选子嫩者，埋土中二尺许，筑实；旱时浇水，梅雨时壅根，不可使梅水浸根。）

压众花。（凡可扦者，皆可压。）

压杜鹃。

压白茶。

压桂花。

压木香。

压栀子。

压桑树。（用木钩扳枝着地，以土压之，明年正

月即可截断。每年两次，粪土培之。）

◎ 译文

扦插木香。（剪下的枝条插在土里也可以成活，但是这样不如把枝条扳下来，埋进土里，用厚厚的泥土堆在周围。一个多月就会生根，移栽时容易成活。）

扦插锦带。（剪下五寸长的枝条，插在松软的土里，每天浇一些清的粪水，二十天左右就会生根。）

扦插栀子。（把树枝插进松软的土中，时不时地用清水浇灌，就可以成活。如果正月里天气寒冷，最好就等到二月或者梅雨天。把枝条埋进土里，过了一年就会生根。）

扦插石榴。（方法参见二月的条目。如果天气寒冷，就需要等到春分或者梅雨天。）

扦插蔷薇。（各种颜色的蔷薇都可以剪枝扦插，方法参见二月的条目。）

扦插金雀。

扦插玫瑰。

扦插紫薇。

扦插棣棠。

扦插白薇。

扦插银杏。

扦插长春。

扦插樱桃。（如果土壤干燥，就用水浇灌。）

扦插西河柳。

扦插杨柳。（桩要大一点，选取嫩的枝条，埋在土里大约二尺深，

银杏

把土压实。天旱的时候经常浇水，梅雨季节用土和肥料壅培，不要让梅雨泡坏树根。）

　　压条种植各种花。（凡是可以扦插的都可以压条种植。）

　　压条种杜鹃。

　　压条种白茶。

　　压条种木香。

　　压条种栀子。

　　压条种桑树。（用木钩把枝条扳压到地上，用土压住，第二年正月就可以截断。每年用粪土培壅两次。）

[注释]

[1] 木香：攀缘状灌木，茎杆有刺，叶片为椭圆形，花白色，重瓣，气味芳香。清人汪灏《广群芳谱》："木香，灌生，条长有刺，如蔷薇，有三种花，开于四月，惟紫心白花者为最，香馥清远，高架万条，望若香雪，他如黄花、红花、白细朵花、白中朵花、白大朵花皆不及。"

[2] 锦带：又名"海仙花"。宋人王辟之《渑水燕谈录》："呴（qú）山有花类海棠而枝长，花尤密，惜其不香无子。既开，繁丽袅袅，如曳锦带，故淮南人以'锦带'目之。王元之以其名俚，命之曰'海仙'。"多年生灌木，花红色或白色。明人周文华《汝南圃史·锦带》："锦带条生，三月开花，形如钢铃，内外粉红，亦有深红者，一树常二色，其花娇丽，近海棠，嗅之略有香意。"

[3] 石榴：树木名，也指它的花和果实。一般认为是汉代张骞从安石国带回，晋人张华《博物志》："张骞使西域还，得大蒜、安石榴、胡桃、蒲桃。"安石即安息国，在今伊朗东北部。古代还有其他多个名称，《名花谱》："石榴，一名'丹若'，一名'金罂'。又一种味最甜者名'天浆'。"

[4] 金雀：草本植物，丛生，叶子很小，呈椭圆形，花金黄色，花瓣有两瓣向上翻起，像小鸟的翅膀，故得此名。清人汪灏《广群芳谱》："金雀花，丛生，茎褐色，高数尺，有柔刺，一簇数叶，花生叶傍，色黄，形尖，旁开两瓣，势如飞雀，甚可爱，春初即开。"

[5] 玫瑰：落叶灌木，茎杆直立，枝上有刺，叶片为椭圆形，有锯齿，花多为红色、粉色、黄色等，香味浓郁。清人汪灏《广群芳谱》："玫瑰，一名'徘徊花'，灌生，细叶多刺，类蔷薇，茎短，花亦类蔷薇。色淡紫，青囊黄蕊，瓣末白，娇艳芬馥，有香有色，堪入茶、入酒、入蜜。"

[6] 紫薇：落叶灌木或小乔木，树干光滑，叶子较小，顺着枝干排列生长，花开于树枝顶端，多为粉红色、红色。清人汪灏《广群芳谱》："紫薇，一名'满堂红'。""一名'百日红'，四五月始，花开谢接续可至八九月，故名。一名'怕痒花'，人以手爪其肤，彻顶动摇，故名。一名'猴刺脱'，树身光滑。""北人呼为猴郎达树，谓其无皮，猿不能捷也。"

[7] 棣棠：落叶灌木，丛生，叶片呈心形，边缘有锯齿。四五月间开黄色花，有重瓣也有单瓣，8月结果。明人周文华《汝南圃史》："棣棠，丛生，二月中开黄花，花如垂丝海棠，故名曰'棠'。"

[8] 长春：即金盏花。两年生草本植物，原产于欧洲南部和地中海沿岸。叶片细长，花为橙色或黄色，生于顶端，四季开花，又名"常春花""长生菊"。明人周文华《汝

南圃史》："金盏，花如小盏，与单叶水仙同，故名'金盏'，叶浅绿，花红黄色，盖草类也。植阑槛间，艳丽可爱。八月中下种即出，腊月开花，至春尤盛，四时相继不绝，故又名'常春花'。"

[9] 西河柳：即柽（chēng）柳。多年生落叶小乔木，赤皮，枝细长，开紫红色小花。清人陈淏子《花镜》："柽柳，一名'观音柳'，一名'河西柳'，干不甚大，赤茎弱枝，叶细如丝缕，婀娜可爱。一年作三次花，花穗长二三寸，其色粉红，形如蓼花，故又名'三春柳'。其花遇雨即开，宜植之水边池畔，若天将雨，柽先起以应之，又名'雨师叶'。"

紫薇

滋培

浇牡丹。（早浇河水或雨水。）

浇芍药。（宜用粪水。）

浇瑞香[1]。（此物忌粪，用洗衣灰水浇之，能杀蚓且极肥。[2]）

浇梅花。

浇林禽[3]。

浇桃、李、杏。

壅石榴。（宜用粪土。）

壅梨树。（宜用麻饼粪灰。）

壅海棠。

壅枣、栗。（宜用麻饼粪灰。）

◎ 译文

浇灌牡丹。（早上用河水或者雨水浇。）

浇灌芍药。（适宜用粪水。）

浇灌瑞香。（瑞香忌粪，用洗衣服的脏水浇灌，能杀死蚯蚓，而且特别肥。）

浇灌梅花。

浇灌林檎。

浇灌桃树、李树、杏树。

培壅石榴。（适宜用粪土培壅。）

培壅梨树。（适宜用麻饼、粪灰培壅。）

培壅海棠。

培壅枣树、栗树。（适宜用麻饼、粪灰培壅。）

[注释]

[1] 瑞香：常绿灌木，叶子长椭圆形，三五月间开黄白或紫色花，香气浓郁。宋人陶谷《清异录》："庐山瑞香花始缘一比丘，昼寝盘石上，梦中闻花香酷烈，及觉，求得之，因名'睡香'。四方奇之，谓为花中祥瑞，遂名'瑞香'。"明代无名氏《花史·瑞香》："瑞香花，树高者三四尺许，枝干婆娑，叶厚，深绿色，有杨梅叶者，有枇杷叶者，有柯叶者，有球子者，有栾枝者。花紫色，性喜温润，他有黄白二色者，特野瑞香耳。"

[2] 此物忌粪，用洗衣灰水浇之，能杀蚯蚓且极肥：本条出自南宋温革《分门琐碎录·浇花法》，"瑞香花恶湿畏日，不得频沃以水。宜用小便，可杀蚯蚓"。又，"以濯洗布衣灰汁浇瑞香，能去蚯蚓且肥花。盖瑞香根甜，得灰水则蚯蚓不食，而衣服垢腻又自肥也"。

[3] 林禽：即林檎，也就是"花红"。一种落叶小乔木，花淡红色。果实卵形或近球形，黄绿色带微红，是常见的水果。古人认为它能吸引众禽，因而得名，又称为"沙果""来禽""里琴"等。实际上应该是外来语的音译，字面并没有特殊含义。

修整

修树枝。（月内修去果树小枝、枯枝，勿令分力。）

驳树皮[1]。（辰日将斧斫树，则果不落。一云：元日班驳斫①枣李等树[2]。）

揳果树[3]。（雄木多不结实，宜凿方寸孔，将雌木塞之，则结实矣。）

垄瓜地。

护菊根。（宿根[4]在地，用草遮护霜雪。）

修桑树。（去根下小枝，粪土培之。）

照果树[5]。（元日[6]，将火遍照一切果树，则虫不生。）

治李树[7]。（以砖石放歧枝[8]上，则多子。）

[校记]

①"斫"，原文漏抄。本条出自北魏贾思勰《齐民要术·种枣》，后世农书经常引用，各书都有"斫"字。

◎ 译文

修整树枝。（正月里修剪，去掉果树上的小枝、枯枝，不让它们分散养分。）

驳树皮。（辰日的时候用斧背轻敲树干，等到结果实的时候，果实就不容易掉落。另一种说法是，元日的时候把枣、李等树的树皮敲到斑驳的程度。）

　　揳果树。（雄树大多不结果实，可以凿一个方寸大小的孔，把雌树上挖出的木块塞进去，就能够结果了。）

　　整治瓜地的田垄。

　　保护菊根。（地上的宿根，用草遮盖，免得被霜雪冻伤。）

　　修剪桑树。（剪去根下的小枝，用粪土培壅起来。）

　　照果树。（正月初一，用火把照遍各种果树，以后就不容易生虫。）

　　修整李树。（把砖头、石头堆放在树杈处，就会结出更多果实。）

石榴花

[注释]

[1] 驳树皮：就是古代农书中经常提到的嫁树法。唐人韩鄂《四时纂要·嫁树法》："元日日未出时，以斧斑驳椎斫果木等树，则子繁而不落，谓之嫁树。"这是古代常用的果树培育技术，用斧背槌伤枣树的皮，目的在于阻止树枝、树叶通过光合作用得到的养分向根部输送，尽量将养分都积留在果枝上，以提高果树的坐果率。但如果这样嫁接的次数太多，虽然果实繁多，也会给树木造成一定程度的损伤。

[2] 班驳斫枣李等树：班驳即斑驳，意思是错杂、杂乱。元人王祯《王祯农书·百谷谱》："林檎树，以正月二月中翻斧斑驳椎之则饶子。"斫的意思是砍。明人俞宗本《种树书》："斫松树，五更初斫倒，便削去皮，则无白蚁。"这里并不是砍掉枣树、李树，而是用斧背敲破树皮。

[3] 揳（xiē）果树：这是一个古老的防治果树不结果的方法。出自南宋温革《分门琐碎录·木杂法》："凡木皆有雌雄，而雄者多不实。可凿木作方寸穴，取雌木填之，乃实。"揳，把尖锐的东西捶到别的东西中。宋人李昉《太平御览》："海夷卢亭亭者，以斧揳取壳，烧以烈火，蚝即启房，挑取其肉，贮以小竹筐，趁虚市以易�（xǔ）米。"

[4] 宿根：二年生或多年生草本或木本植物的根，茎叶枯萎后仍然活着，次年春天会重新发芽。元人王祯《王祯农书·木棉》："其树不贵乎高长，其枝干贵乎繁衍。不由宿根而出，以子撒种而生。"

[5] 照果树：这是古人预防果树虫害的做法，但就现代观点来看，显然是一种迷信。唐人韩鄂《四时纂要·辟五果虫法》："正月旦鸡鸣时，把火遍照五果及桑树上下，则无虫。"

[6] 元日：旧称每年的正月初一。

[7] 治李树：这是一个让果树多结果实的方法。往树杈中间放置砖块、石头，目的是压紧树的韧皮部，阻碍有机养分向下输送，有利于多结果实。

[8] 歧枝：也就是树杈，树枝开叉的部位。

石竹

防忌

忌浇建兰^[1]。（此时极宜干燥，春雪一点着叶^[2]则叶败。宜遮护，放向阳处。）

忌移芍药^[3]。（谚云："三春移芍药，到老不成花。"^[4]）

◎ 译文

不能给建兰浇水。（这时特别应该保持干燥。只要沾上一点雪，叶子就会败掉，应该遮护好，放在朝阳的地方。）

不能移栽芍药花。（农谚说："三春移芍药，到老不成花。"）

[注释]

[1] 建兰：兰花的一个品种。清人吴仪一《徐园秋花谱》："剑兰，叶短者佳，背有剑脊。或云因产福建是名'建兰'。抽茎发花，一茎多者十数蕊，素瓣，卷舒清芬。"

[2] 着叶：落到叶子上。

[3] 芍药：多年生草本植物，叶子呈椭圆形，五六月间开花，花大而美丽，有紫红、粉红、白等多种颜色，外形与牡丹相近，品种极多。明人周文华《汝南圃史·芍药》："一名'何离'，一名'余容'，一名'犁食'，一名'解仓'。""春生红芽作丛，茎上三枝四叶，似牡丹而狭长。三四月中着花，有红紫黄白之异，而以黄为贵。《洛阳花木记》所载至四十余品。"

[4] 三春移芍药，到老不成花：这是一条明清时期的农业谚语。着重强调芍药移植的最佳时机是秋季，不能在春季移植。因为秋天移栽以后，受伤的肉质根可逐渐愈合并长出新根。如果春天移栽，根部一旦受到损伤，就会严重影响芍药的生长、开花。

建兰

二月

惊蛰[1]为二月节，春分为二月中。

◎ 译文

惊蛰是二月的节令，春分在二月中间。

[注释]

[1] 惊蛰：传统的二十四节气之一，在阳历3月5日、6日或7日。此时气温上升，土地解冻，春雷始鸣，蛰伏过冬的动物开始活动，因而得名。

移植

移山茶[1]。（性极畏寒，不宜盆栽。初栽时遇大雪，宜遮护。）

移玉兰。

移映山红[2]。（多留山土，移栽可活，不则一二年即萎。）

移果树。（桃李杏枣柑柿，皆可移。）

移各色蔷薇。

移绣球[3]。（性喜阴而畏日，宜植避阴处。又云，性喜疏旷。）

移梨树。（宜植肥阴地。）

移郁李[4]。（宜植向暖处。其性好洁，清水浇，不用粪。）

移棣棠。（性喜水，宜阴处。）

移辛夷[5]。（即木笔花，一名"紫玉兰"。）

移海棠。（宜肥土为佳。）

移月季。（花开过即去其蒂，则茂。）

移玉簪。（见正月。）

移栀子。（宜肥，宜浇粪。但太多则生白虱。栽时须用泥水浆根。）

移石竹[6]。（一名"洛阳锦[7]"，厚培之，可作重台[8]。）

移山丹[9]。

移梅[10]。（移大梅树，先去枝梢①，大留根垛，沃以沟泥，无不活者。）

移瑞香。（此花喜水而恶湿，喜干而畏日。又恶粪，忌麝香，宜作台栽，不宜平地。恐水气，浸根则萎。）

移石菊。

棣棠

移银杏 [11]。（此物照影而生，宜栽水边，则盛而结子。）

移杏。（多留根土为妙。）

移莺粟 [12]。（此花根丝极长，最难移。须趁小时连土移过，不伤根乃妙。）

移杜鹃 [13]。（见三月。）

移九节兰 [14]。（宿根大块，移栽腻土。花后栽地下，时以水浇之，次年有花。盆栽沙土为妙。）

移金雀。

移草兰。（如九节兰法。）

移迎春柳。

移紫薇。

移木香。

移虞美人 [15]。（如莺粟法。）

移石榴。（喜向阳，又喜水，日中浇水。无忌。）

[校记]

①"梢"，原文误抄为"稍"。

◎ 译文

移植山茶。（山茶的天性十分怕冷，不适宜盆栽。如果刚刚栽种时遇到大雪，应该注意遮挡。）

移植玉兰花。

移植映山红。（多留一些山上的土，一移就活。否则，一两年就枯萎了。）

移植果树。（桃树、李树、杏树、柑橘树、柿树，这时都可以移栽。）

移植各色的蔷薇。

移植绣球。（绣球花性喜阴凉，害怕阳光直射，适宜种植在背阴的地方。还有一种说法是，绣球天性喜欢空旷的地方。）

移植梨树。（适宜种在肥沃、背阴的地方。）

移植郁李。（适宜选择暖和的地方。本性喜欢洁净，要用清水浇灌，不能用粪水。）

移植棣棠。（棣棠天性喜欢水，要种在背阴的地方。）

移植辛夷。（即木笔花，又叫"紫玉兰"。）

移植海棠花。（最好移栽到肥沃的土里。）

移植月季花。（花开过后就去掉花蒂，月季就会茂盛。）

移栽玉簪花。（方法见正月中。）

移植栀子花。（适宜选择肥沃的土壤，用粪水浇灌。但是，如果浇得太多就容易生白虱。栽种时要用泥水浇它的根部。）

移植石竹。（又叫"洛阳锦"，移植时用厚土培壅，可以开出重瓣的花。）

移植山丹。

移植梅树。（移栽大梅树时，先去掉枝梢，根盘留得大一些，用沟里的淤泥浇灌。这样移植，没有不成活的。）

移植瑞香。（这种花喜欢水又不喜欢潮湿，喜欢干燥而又害怕太阳晒。并且不喜欢粪水，害怕麝香，适宜种植在台子上，不宜种到平地上。害怕水汽，根如果浸到水里就会枯萎。）

移植石菊。

移植银杏。（这种植物照着影子就能生长，适宜种植在水边，生长茂盛并且能够多结果实。）

移植杏树。（最好多留一些根土。）

移植罂粟。（这种花的根须特别长，最难移植。需要趁很小的时候带土移植，不伤根才好。）

移植杜鹃。（具体方法见三月中。）

移植九节兰。（保留宿根、大块的土，种植在肥沃的土壤中。花开后移栽到地上，经常浇水。第二年就可以开花。用盆栽到沙土中更好。）

移植金雀。

移植草兰。（方法和移植九节兰一样。）

移植迎春柳。

移植紫薇。

移植木香。

移植虞美人。（方法和移植罂粟一样。）

移植石榴。（喜欢向阳的地方，又喜欢水，每天中午浇水。没有什么禁忌事项。）

[注释]

[1] 山茶：常绿灌木或小乔木，中国传统的观赏植物。叶片呈椭圆形，冬春开花，花形大，有红白两色。又名"山椿""耐冬花"。

[2] 映山红：杜鹃花的别名。宋人温革《分门琐碎录·花卉总说》："映山红，生

于山坡欹（qī）侧之地，高不过五七尺，花繁而红，辉映山林，开时杜鹃始啼，一名'杜鹃花'。"

[3] 绣球：落叶灌木，夏季开花，花为球形，花色有白色、淡红色、蓝色。清人吴其濬《植物名实图考》："粉团，出于闽，故俗呼'洋绣球'。其花初青，后粉红，又有变为碧蓝色者，末复变青。一花可经数月，见日即萎，遇麝即殒，置阴湿秽溷（hùn），则花大且久，登之盆盎违其性。"

[4] 郁李：古代又称"唐棣""棠棣"。落叶小灌木，春季开花，花淡红色。果实小球形，暗红色。元人胡古愚《树艺篇·郁李》："条生作丛，高五六尺，其叶如李花，极繁密而多叶。"

[5] 辛夷：落叶乔木，树高数丈，有香气。叶像柿叶而狭长。花蕾刚刚长出的时候，

虞美人

苞长半寸，尖如笔头，故名"木笔"。花朵似莲花而小如灯盏，紫苞红焰，又称为"玉兰"。

[6] 石竹：多年生草本植物。高不足一米，茎秆直立，叶子细长，花色为粉红色，有黑色斑点。明人王路《花史左编》："石竹有二种，单瓣者名'石竹'，千瓣者名'洛阳花'，二种俱有雅趣。"

[7] 洛阳锦：出自宋代元丰年间银李园，移至曹州（今菏泽）后改称"二乔花"。同株、同枝可开紫红、粉白两色花朵，或同一朵花上紫红和粉白两色同在，甚为奇特。

[8] 重台：同一枝上开出的两朵花。宋人吴怿《种艺必用》："种罂粟花，以两手重迭撒种，则开花重台也。"

[9] 山丹：百合的一种。多年生草本植物，地下鳞茎卵形，白色。花红色或橘红色。清人陈淏子《花镜》："山丹，一名'渥丹'，一名'重迈'，根叶似夜合而细小，花色朱红。"下文多次提到的"番山丹"，是它的另一个品名。清人汪灏《广群芳谱·山丹》："一种高四五尺，如萱花，花大如碗，红斑黑点。""又名'番山丹'，根似百合，不堪食。""番山丹花，须每年八九月分种方盛。"

[10] 移梅：本条讲述大梅树的移植技术。出自南宋温革《分门琐碎录·种果木法》："移大梅树，去其枝梢，大其根盘，沃以沟泥，无不活者。"

[11] 移银杏：本条出自南宋温革《分门琐碎录·果木总说》，"银杏树有雌雄。雄者有三棱，雌者有二棱。合二者种之，或在池边，能结子而茂，盖临池照影亦生也"。把雌雄银杏一同种在池边"临池照影"，就能够结出茂盛的果实，这种说法不可信。

[12] 莺粟：即罂粟。一年生草本植物，夏季开花，花瓣四片，红、紫或白色。果实曾用于制鸦片，有镇痛、镇咳和止泻作用，果壳亦入药。明人周文华《汝南圃史》："罂粟结实，如罂贮粟，故名。或作莺粟者，非。一名'御米'，又名'米囊'。"罂是古代贮水或贮酒用的陶器。

[13] 杜鹃：即映山红。多年生常绿灌木，叶子椭圆形，春夏之间开花，花似喇叭，多为玫瑰红色，也有橘红色、粉色、白色等。清人汪灏《广群芳谱》："杜鹃花，一名'红踯躅'，一名'山石榴'，一名'映山红'，一名'山踯躅'，处处山谷有之，高者四五尺，低者一二尺。春生苗叶，浅绿色。枝少而花繁，一枝数萼，二月始开。"

[14] 九节兰：兰花的品种之一。明人高濂《遵生八笺·朱兰蕙兰二种》："蕙叶细长，一梗八九花朵，嗅味不佳，俗名'九节兰'也。"

[15] 虞美人：一年或二年生草本植物，初夏开花，花瓣呈圆形，花色为紫红、粉红、橙黄等。清人陈淏子《花镜》："虞美人，原名'丽春'，一名'百般娇'，一名'蝴蝶满园春'，皆美其名而赞之也，江浙最多。丛生，花叶类罂粟而小。"

分栽

　　分玫瑰。（三四年剖根分一次。根下小枝不宜久留，宜栽别地。最忌人溺[1]，浇之即萎。俗云"女儿花怕羞"，因此。）

　　分紫荆[2]。（根傍小根分栽易活，但此物最忌水浸其根。）

　　分萱花[3]。

　　分百合[4]。（根下小头，肥土宽布，一二年即花。）

　　分凌霄[5]。（分小者近高树，旱时浇水，一二年花开满树矣。此物，花能堕胎，露能损目，切忌之。）

　　分竹。（宜天雨时，法见五月。）

　　分迎春。（春分时，分种肥土，烊牲水[6]浇之最好。）

　　分水木樨[7]。（一名"指甲花"，花可染指故也。香与木樨同。）

　　分剪秋罗[8]。（一名"汉宫秋"，喜阴忌粪，肥土种，清水浇，芽长寸许方可分栽。忌栽低凹，恐水伤根。）

　　分双鸾菊[9]。（宜春分时。）

　　分高良姜[10]。（即紫蛱蝶，剖根疏栽易活。栽土墙上亦可。观此物不嫌干，其白花者则不宜过干。）

　　分葡萄①。

　　分金丝桃[11]。（擘[12]根分栽。）

　　分金茎。（即黄蝴蝶，剖根分栽易活。）

　　分金银灯。（根头分种。）

　　分石榴。（根傍小枝有根者，分栽易活。）

　　分秋牡丹。

　　分玉簪。（芽长一二寸即可分，用刀剖根，无妨。须二三

凌霄

年分一次，否则根结无花。）

分甘露子 [13]。

分薄荷 [14]。

栽缸中莲。（缸底用地泥一层，筑实，上用河泥，晒至春分后，开泥种藕，又晒；有雨则盖，清明方加河水。）

栽苦菜。

栽茴芎 [15]。

栽松。（大留原土，泥水浆根。）

[校记]

① 原文作"蒲萄"。"蒲""葡"二字，古书中通用。下文均改为现在通行的"葡"。

◎ 译文

分栽玫瑰。（三四年剖出根分栽一次。根下的小枝条不宜久留，要种植到别的地方。玫瑰最忌讳人尿，一浇就枯萎。俗话说"女儿花怕羞"，就是这个原因。）

分栽紫荆。（大根旁边的小根，分栽后容易成活。但是，紫荆最忌讳根被浸到水里。）

分栽萱花。

分栽百合。（用根下的小头分栽，土壤要肥沃，种得宽松一些，一两年就开花。）

分栽凌霄花。（分栽矮小的凌霄时，要靠近高大的树木，干旱时要浇水，一两年时间，树上就开满花了。凌霄花会导致堕胎，露水会损害人的眼睛，千万要注意避开。）

分栽竹子。（适宜在雨天进行，方法见于五月中。）

分栽迎春花。（春分的时候，分栽到肥土中，用烫牲畜留下的水浇灌，效果最好。）

分栽水木樨。（又叫"指甲花"，因为它的花可以染指甲。水木樨的花香与桂花相同。）

分栽剪秋罗。（又叫"汉宫秋"，喜欢背阴处，忌讳粪，适合种植到肥沃的土里，用清水浇灌，嫩芽长到一寸左右时就可以分栽。剪秋罗不要种在低洼的地方，担心浸水以后损伤它的根。）

分栽双鸾菊。（适宜在春分的时候。）

分栽高良姜。（即紫蛱蝶。劈开根，种得稀疏一些，才容易成活。种到土墙上也行。根据观察，这种植物不怕干旱，但是开白花的品种不能太干旱。）

分栽葡萄。

分栽金丝桃。（把根劈开分栽。）

分栽金茎。（即黄蝴蝶，把根劈开分栽，容易成活。）

分栽金银灯。（需要把根和头分开种。）

分栽石榴。（根旁边的小枝，带有小根的，分栽后容易成活。）

分栽秋牡丹。

分栽玉簪。（芽长到一两寸就可以分栽，用刀直接劈开根也无妨。需要两三年分栽一次，否则，根一结块就不能开花了。）

分栽甘露子。

分栽薄荷。

种植缸中莲。（在莲缸的底部放一层泥土，然后压实，上面再铺一层河泥，一直晒到春分过后，翻开泥巴种藕，再继续曝晒。下雨就盖上，清明时才可以添加河水。）

分栽苦菜。

分栽茴香。

分栽松树。（多留一些原来的土，用泥水浇它的根。）

[注释]

[1] 溺（niào）：尿，小便。明人俞宗本《种树书·木》："冬青树涸瘁，以猪粪壅之则茂。一说猪溺灌之。"

[2] 紫荆：落叶乔木或灌木，树干灰白色，叶子呈心形，春季开红紫色花。清人陈淏子《花镜》："紫荆花，一名'满条红'，花丛生，深紫色，一簇数朵，细碎而无瓣，发无常处，或生本身，或附根枝，二月尽即开。"

[3] 萱花：多年生草本植物，萱草和百合很像，叶子狭长，花像百合，多为橘黄色或橘红色，无香气，可作蔬菜，也可以供观赏。俗称"忘忧草""宜男草""黄花菜""金针菜"等。

[4] 百合：多年生草本植物。花供观赏，地下鳞茎供食用，亦可入药。明人李时珍《本草纲目》："百合一茎直上，四向生叶，叶似短竹叶，不似柳叶。五六月茎端开大白花。""百合结实，略似马兜铃，其内子亦似之。"

[5] 凌霄：落叶藤本植物，附着于其他植物之上生长，小叶呈椭圆形，边缘有锯齿，夏季开鲜红色花，形状像喇叭。花、茎、叶都可入药。又名"紫葳""凌苕"。

[6] 焊（xún）牲水：焊，用热水将畜禽轻烫去毛或煮成半熟。焊牲水，指将牲

畜放进热水中烫毛后的水，可以用来浇灌花木。元人张福《种艺必用补遗》："灌溉花木，各自不同。木犀当用猪粪，瑞香当用焊猪汤，葡萄用米泔和黑豆皮。"又如，明人俞宗本《种树书·花》："用焊猪汤浇茉莉、素馨花则肥。"

[7] 水木樨：即指甲花。花和桂花相似，有香味。明人高濂《遵生八笺·水木樨花》："花色如蜜香，与木樨同味，但草本耳。亦在二月分种。"清人邹一桂《小山画谱》卷上："草花丛生，枝柔弱，叶细狭而尖长，花如豆花，黄色，浅深相间，微柄绿蒂生于叶间，蒙茸茂密。"

[8] 剪秋罗：多年生草本植物。直立生长，叶子呈椭圆形，花瓣多为五瓣，边缘呈锯齿状，像剪出的形状。明人高濂《遵生八笺·剪秋罗花五种》："花有五种，春、夏、秋、冬罗，以时名也。春、夏二罗，色黄红，不佳。独秋、冬红深色美，亦在春时分种。喜肥则茂。又一种色金黄，美甚，名金剪罗。"清人汪灏《广群芳谱》："剪秋罗，一名'汉宫秋'，色深红，花瓣分数岐，尖峭可爱，八月间开。"

[9] 双鸾菊：即乌头草。多年生草本植物，直立生长，叶子似菊叶有分叉，花呈蓝紫色。花的形状像僧人的鞋子，所以又称"僧鞋菊"。清人陈淏子《花镜》："僧鞋菊，一名'鹦哥菊'，即西番莲之类，春初发苗，如蒿艾，长二三尺，九月开碧花，其色如鹦哥状，若僧鞋，因此得名。"

[10] 高良姜：姜的品名。叶子阔而长，花多为红色和白色，呈穗状，根茎可以入药。

[11] 金丝桃：多年生灌木，叶子呈椭圆形，六七月间开黄色花，花蕊多而长，又名"土连翘""金丝莲""金线蝴蝶"。清人汪灏《广群芳谱·金丝桃》："花如桃而心有黄须，铺散花外，若金丝然。"

[12] 擘（bò）：劈开。南宋吴怿《种艺必用》："茄子九月熟时，摘取劈破，水淘子，取沉者晒干裹置，至二月乃撒种。"

[13] 甘露子：草本植物，叶片呈心形，开紫色花，全草及根茎可以入药。

[14] 薄荷：多年生草本植物，花为红、白或淡紫色，叶子呈椭圆形，有清香，可以食用，也可以入药。明人李时珍《本草纲目》："薄荷，人多栽莳。二月宿根生苗，清明前后分之。方茎赤色，其叶对生，初时形长而头圆，及长则尖。"

[15] 茴芗（xiāng）：即茴香。多年生草本植物，夏天开黄色花。果实呈长椭圆形，可以做调味香科。茎和叶子嫩时可食。明人李时珍《本草纲目》："蘹香，北人呼为'茴香'，声相近也。""煮臭肉，下少许，即无臭气。臭酱入末亦香，故曰'回香'。"

下种

种梅。（取好梅子种粪地，待长二三尺分栽，松土浅种为妙。夏秋天干，宜时沃以水。）

种榴子。（法用小石子和土，种榴子于下，用泥覆之。）

种剪秋罗。（地下松土，拌灰种下，少覆轻土于上。遇大雨则遮盖之，勿使水浸为妙。次年即有花。）

种木瓜[1]。（背阴地佳。）

种剪春罗。（如种剪秋罗法。俱用爽水地下之。）

种莺粟。（种法见八月。如秋种者冻损，此时再种之，亦好；但花差[2]小耳。）

种藕[3]。（新开池用河泥布藕。一云，以酒糟涂藕则盛。）

种碧莲[4]。（以老莲子投靛青[5]缸中，经年种河泥中，发碧花。）

种小莲。（老莲装鸡卵中，用纸涂口，与母鸡抱[6]之，雏出时收起莲子，先以天门冬[7]、羊毛、角屑[8]拌泥，安盆内。种莲子泥中，勿令水干，开花如钱大。）

种百合。

种香橼[9]。（背阴地，松土种之。至冬畏冷，须爱护，勿使冰雪浸之。）

种虞美人。（一名"丽春"，一名"满园春"，种法见八月。如秋种之①，冻损不出，此时种之，净地为佳。）

种金钱[10]。（一名"子午花"，一名"夜落金钱"。子种，

梅花

出寸许，即用小竹扶之，午开子落[11]。）

　　种石竹。（松润土稀种。）

　　种决明[12]。（一名"望江南"。园中四围种，则蛇不敢入。此时种若不出，三月种之，更好。）

　　种万年菊。（此花无种，即花蒂内黑须是种也。秋冬收起，春暖时松润土稀布之，不可埋土中。）

　　种金爪。（种松润土中，芽出寸许可移。分栽须防虫咬。）

　　种紫花儿。（即诸葛菜[13]。一云：宜秋种，二月已华[14]矣。）

　　种银杏[15]。（三棱[16]者为雄，二棱者为雌。两色合种则结子。）

　　种落花生。

　　种兰菊。（松润土和灰浮种，大雨则盖之。）

种凤仙[17]。（或云：以五色种子和泥丸埋之，花开五色。恐不然，盖原有五色一种，种出，拣白根者是。）

种梧桐。（法见三月。）

种金萱。（春分后，种松土中。）

种茶。（宜斜坡阴地，用糠和焦土种之。）

种栗。

种长春。（春分后，松土稀布，不时润水。一名"金盏"。）

种茄。

种秋海棠[18]。（松土种背阴地，不用土盖。）

种枸杞。（如正月法。）

种椒。（如正月法。）

种山药。（松土掘二尺深，多灰拌之。山药分一二寸段，石灰蘸两头，横布和粪土中，常以粪水灌之。）

种柑。（肥泥稀种，至冬防冷。）

种苋。

种芋。

种黄精[19]。

种茼蒿。（九[20]尽即可种。）

种莴苣。

种槐。

种王瓜、冬瓜。

种橄榄。（如正月法。芒种后即出芽，不磨者亦生。）

种西瓜、葫芦。

种剔牙松。（取树上所结子，以水漉[21]过，种松土中，四月间即出。）

[校记]

① "之"，原文为"分"，据文意改正。

◎ 译文

种植梅子。（选取好的梅子种到施过粪的地里，等到嫩芽长出两三尺的时候分栽。土要松软，种得要浅。夏秋季节，气候干燥，要经常用水浇灌。）

种石榴子。（方法是用小石子和土混合之后，把石榴子种到下边，用泥土盖好。）

种剪秋罗。（松土之后，拌着灰粪种下去。在上面薄薄地盖上一层土。遇到大雨就用东西遮盖，不要让雨水浸到种子。第二年就会开花。）

种植木瓜。（最好种在背阴的地方。）

种植剪春罗。（方法和种剪秋罗一样，都选用便于排水又能够浇灌的地，下种。）

种植罂粟。（方法见八月中。如果秋天种下的种子被冻坏了，这时候补种也可以，不过，开出的花会稍小一点。）

种植莲藕。（在新挖的荷塘里种上藕。另一种说法是，把酒糟涂到藕上，莲藕会长得更茂盛。）

种植碧莲。（把老的莲子投进靛青缸中，一年后取出来种到河泥里，开出碧色的花。）

种植小莲。（把老莲子放进鸡蛋，用纸封住口，让母鸡一起孵化，小鸡出来的时候收起莲子，用天门冬、羊毛、角粉拌泥土，放到盆里。把莲子种到泥土里，水不能干，开出的花大如铜钱。）

种植百合。

种植香橼。（在背阴的地方，松土之后种下去。到了冬天，它怕冷，需要细心呵护，不要让冰雪浸到。）

种植虞美人。（虞美人又叫"丽春""满园春"，种植方法见八月中。

如果秋天种植，冻损后就长不出来了。应该在二月栽种，还要选用打扫干净的地。）

种植金钱。（金钱又叫"子午花""夜落金钱"。子时种植，长到一寸左右，用竹竿撑住它。这种花，午时花开，子时花谢。）

种植石竹。（适宜种在松软湿润的土里，种得要稀疏一些。）

种植决明。（决明又叫"望江南"。院子四周种上决明，蛇就不敢进来。二月种植，如果没有长出来，就等到三月再种，会长得更好。）

种植万年菊。（这种花没有种子，花蒂里面的黑须就是种子。秋冬时收集起来，春天暖和的时候种到松软湿润的土壤中，种得要稀疏一些，不要完全埋进土里。）

种植金爪儿。（种到松软湿润的土壤中，嫩芽长到一寸左右，就可以移植到别的地方。分栽时注意防止虫咬。）

种植紫花儿。（也就是"诸葛菜"。有一种说法是，应该在秋天种下，到二月就已经开花了。）

种植银杏。（三棱的是雄性种子，二棱的是雌性种子。种到一起才能结出果实。）

种植落花生。

种植兰花、菊花。（土壤要松软，拌上草木灰，浅浅地种，遇到大雨就要盖好。）

种植凤仙。（有一个说法，用五种颜色的种子拌着泥巴埋到土里，就能开出五色的花。恐怕未必如此，大概是原本就有开五色花的品种，种子发芽后，挑出有白根的就是。）

种植梧桐。（方法见三月中。）

种植金萱。（春分过后，种到松软的土里。）

种植茶树。（适宜种在斜坡上的背阴地，用糠和焦土种植。）

种植栗树。

种植长春。（春分过后，稀疏地种在松土中，经常浇水。又叫"金盏花"。）

种植茄子。

种植秋海棠。（种在松软的土里，最好是背阴地，不用土盖。）

种植枸杞。（方法和正月里一样。）

种植花椒。（方法和正月里一样。）

种植山药。（在松软的土里挖上二尺深，多用灰土拌和。山药分成一到两寸长的小段，两头切口处蘸上石灰，横放到粪土里，经常用粪水浇灌。）

种植柑橘。（土壤要肥沃，栽种要稀疏一些，到冬天还得防冻。）

种植苋菜。

种植芋头。

种植黄精。

种植茼蒿。（数九寒天过了就可以种。）

种植莴苣。

种植槐树。

种植王瓜、冬瓜。

种植橄榄。（方法和正月里一样。芒种过后就可以发芽，种子不用磨就可以生长。）

种植西瓜、葫芦。

种植别牙松。（取树上结的松子，用水滤过之后，种到松软的土壤里，四月间就能出芽。）

[注释]

[1] 木瓜：落叶灌木或小乔木，树高5~10米，树干红褐色，叶子呈椭圆形，三四月间开粉红色花，果实为青色，长圆形，碗口大小。

[2] 差：比较，略微。宋人温革《分门琐碎录·禽兽》："雁有二种。一种形状如鹅，而嘴脚皆黄色毛；一种差小而嘴脚皆赤，腹有长斑文。"

[3] 种藕：利用酒糟种藕的方法，最早出自南宋温革《分门琐碎录·种花》："种莲，用腊糟少许裹藕种，来年发花盛。"腊糟，即冬天酿酒用的酒糟。

[4] 种碧莲：让莲花开成碧青色的种植技术不晚于唐代。宋人孙光宪《北梦琐

槐花

言·杜孺休种青莲花》："我家有三世治靛瓮，常以莲子浸于瓮底，俟经岁年，然后种之。"

[5] 靛 (diàn) 青：即蓝靛，利用蓼蓝的叶发酵而成的深蓝色染料，染出的布不容易褪色。

[6] 抱：禽鸟孵蛋。明人邝璠《便民图纂·选鹅鸭种》："凡鹅鸭并选再伏者为种，大率鹅三雌一雄，鸭五雌一雄。抱时皆一月，量雏欲出之时，四五日间不可震响。"其中的"伏"，同样也是孵卵的意思。

[7] 天门冬：多年生攀缘草本植物。茎细长，叶子细小，开淡绿色小花，块根呈纺锤形。中医入药，有润肺止咳、养阴生津的功效。

[8] 角屑：动物的角碾成的碎末。宋人陶谷《清异录·抬举牡丹法》："常以九月取角屑、硫黄碾如面，拌细土，挑动花根，壅罨 (yǎn)，入土一寸，出土三寸。"罨，意思是掩埋、掩盖。

[9] 香橼 (yuán)：树名。小乔木或大灌木，有短刺，叶呈卵圆形，花带紫色。果实为长圆形，皮粗厚而有芳香，供观赏。又称"枸橼"，明人李时珍《本草纲目》："枸橼产闽广间，木似朱栾而叶尖长，枝间有刺，植之近水乃生。"

[10] 金钱：一年生草本植物，花为红色，形似碗口。它的开放时间很短，午时开花，子时凋谢。清人陈淏子《花镜》："一名'子午花'，午间开花，子时自落。有二色，吴人呼红者为'金钱'，白者为'银钱'。"

[11] 午开子落：古代把一昼夜均分为十二个时段，一时辰等于现在的两小时，分别用子、丑、寅、卯、辰、巳、午、未、申、酉、戌、亥表示。子时，相当于现在的23点至凌晨1点，午时相当于现在的11点到13点。

[12] 决明：一年生草本植物，花呈黄色，嫩苗、嫩果可食。籽实即决明子，可供药用。明人周文华《汝南圃史》："决明，夏初下种，生苗高四五尺，叶似苜蓿而大，六七月开黄白花，秋深结角。其子生角中如羊肾。初出苗及嫩蕊嫩荚皆可食，俗名'望江南'。"

[13] 诸葛菜：一年生或二年生草本植物。阴历二月前后开蓝紫色小花，又称"二月兰"。对土壤、光照等环境条件要求较低，耐寒又耐旱。

[14] 华：即花，这两个字古代常常通用。

[15] 种银杏：三棱为雄、二棱为雌的说法，出自南宋温革《分门琐碎录·果木总说》："银杏树有雌雄。雄者有三棱，雌者有二棱。合二者种之，或在池边，能结子而茂。"这是古代对雌雄异株果树比较普遍的认识，但并不科学。银杏的种子，一般是二棱的，三棱的很少，棱的数量与雌雄并无关联。

[16] 棱(léng)：古书中常常和"棱"混用，指物体的棱角，现代汉语中应用"棱"。宋人杨万里《晚望》诗："夕阳不管西山暗，只照东山八九棱。"宋人沈括《梦溪笔谈·药议》：(胡麻)"其角有六棱者、有八棱者。"

[17] 凤仙：一年生草本植物。茎秆较粗，叶子呈椭圆形，夏秋间开红色或玫红色花。清人汪灏《广群芳谱·凤仙》："一名'海纳'，一名'旱珍珠'，一名'小桃红'，一名'染指甲草'。""女人采其花及叶，包染指甲，其实状如小桃，故有"指甲""小桃"诸名。"

[18] 秋海棠：多年生草本植物，叶子呈圆形，7月开红色花，又名"断肠花"。明人王路《花史左编》："昔有女子怀人不至，涕泪洒地后，其处生草，花色如妇面，名'断肠花'，即今'秋海棠'也。"

[19] 黄精：多年生草本植物，叶片细长，开白色小花，可以入药。明人李时珍《本草纲目·黄精》："黄芝、戊己芝、菟竹……黄精为服食要药，故《别录》列于草部之首，仙家以为芝草之类，以其得坤土之精粹，故谓之'黄精'。"

[20] 九：这里指的是冬季的民间节气。从每年冬至当天开始，每九天为一个单位，依次称为"一九""二九""三九"……"九九"，共有9个"九"。数九结束后冬天就过去了。

[21] 漉(lù)：过滤。唐人白居易《黑潭龙》诗："家家养豚漉清酒，朝祈暮赛依巫口。"

过接

接木樨[1]。（即桂花。性喜阴，不宜人粪。以石榴根接桂，开花必红。）

接石榴。（以白榴枝接红榴根上，即成粉红。）

接海棠。（接垂丝用樱桃根，接西府用棠梨树根。一云：以贴梗枝接樱桃则成垂丝，以贴梗枝接梨树则成西府。未详验。木瓜根亦可接西府。）

接枇杷[2]。

接香橼。

接紫丁香。（木本，非瑞香别名者，宜春分前后。）

接梨。（性喜肥阴。法见正月。）

接李。（性喜开爽[3]。法见正月。）

接桃。（法见正月。）

接杏。（核出者接枝，来年即盛。）

接梅。（佳种接桃根上易活，但桃多不寿，因而累梅。不如以贱梅根为妙。）

接杨梅[4]。

接橙、柑、橘。（用棘根接者易活。）

接栗。

接绣球。（将八仙根离土七八寸，刮去半边皮一寸许，绣球亦刮去一样，麻缠泥封。至十月皮生，截断。次年即花。）

接山茶。（以单瓣接千叶花甚好，冬青树亦可接，但活者少。）

接玉兰。（用木笔花挨接。）

贴众花。（凡可扦可接者，皆可贴。）

◎ 译文

嫁接木樨。(即桂花。天性喜欢背阴地,不宜用人的粪便浇灌。用石榴根接桂花,开出的花一定是红色的。)

嫁接石榴。(把开白色花的石榴树枝接到开红色花的石榴根上,就会开粉红色的花。)

嫁接海棠。(接垂丝海棠要用樱桃根,接西府海棠要用棠梨根。有人还说,用贴梗海棠的枝条接樱桃,就会变成垂丝海棠;用贴梗海棠的枝条接梨树,就变成西府海棠。我没有详细验证这种说法的真假。木瓜的根也可以接西府海棠。)

嫁接枇杷。

嫁接香橼。

嫁接紫丁香。(木本植物,不是瑞香的别称。适宜在春分前后嫁接。)

嫁接梨树。(天性喜欢肥沃土壤和背阴地。嫁接方法见正月中。)

嫁接李树。(喜欢生长在开阔通风的地方。嫁接方法见正月中。)

嫁接桃树。(方法见正月中。)

嫁接杏树。(果核发芽后接枝,第二年就很繁盛了。)

嫁接梅树。(把好的品种接到桃树根上,容易成活。但是,桃树大多不长寿,因此也会连累梅树。不如用品种较差的梅根嫁接,效果很好。)

嫁接杨梅。

嫁接橙树、柑树、橘树。(嫁接到酸枣树根上容易成活。)

嫁接栗树。

嫁接绣球。(在八仙根离地面七八寸的地方,刮去一寸左右长的半边皮,绣球也这样刮去,用麻绳缠好,用泥巴封住接口。到十月新皮生出来后,截断。次年就能开花。)

嫁接山茶。(用开单瓣花的嫁接开千叶花的,花会开得很好,也可以用冬青树接,但是不容易成活。)

嫁接玉兰花。(用木笔花挨着嫁接。)

接贴各种花。(凡是可以扦压可以嫁接的,都可以用接贴的方法。)

[注释]

[1] 木樨：也写为"木犀"，又名"岩桂""七里香""金粟"等，通称为"桂花"。常绿阔叶乔木，其花香味甚浓，可制作香料。宋人陈敬《陈氏香谱·木犀香》："岩桂，一名'七里香'，生匡庐诸山谷间。八九月开花，如枣花，香满岩谷。采花阴干以合香，甚奇。其木坚韧，可作茶品，纹如犀角，故号'木犀'。"

[2] 枇杷：常绿小乔木。叶子呈长圆形，秋冬开花，花为白色；果实夏季成熟，球形黄色，味道甜美。宋人孔平仲《孔氏谈苑》卷一："枇杷须接，乃为佳果。一接核小如丁香荔枝，再接遂无核也。"

[3] 开爽：开阔敞亮。清人刘献廷《广阳杂记》卷四："楼临江东向，轩豁开爽，远胜黄鹤，盖龟山之首。"

[4] 杨梅：常绿乔木，叶子椭圆形，花褐色，果实呈球形，味道酸中带甜，可以食用。又叫"圣生梅""白蒂梅""树梅"。明人李时珍《本草纲目》："杨梅，树叶如龙眼及紫瑞香。冬月不凋，二月开花结实，形如楮实子，五月熟。"

扦压

扦瑞香。(剪嫩枝扦背阴处，此花畏日又恶湿。或用盆扦，夜出受露，昼置室中。宜常浇水，不宜停湿，高墩[1]斜坡妙。)

扦芙蓉[2]。(法见三月。宜下旬，如天寒，还宜在清明后。)

扦石榴。(剪嫩条如指大者尺许，以指甲刮去一二寸皮，扦背阴处。)

扦栀子。(法见正月。)

扦金雀。(剪五寸长枝，扦阴润处极易活，次年即花。)

扦木槿[3]。(润土易活。)

扦金丝桃。(剪枝扦阴处，嫩者亦易活。)

扦各色蔷薇。(剪嫩枝长七寸许，扦肥阴处，筑实其傍。勿使伤皮，土上止留寸许。)

扦柳枝。(近水易活。)

扦樱桃。(此物干上每生根须，就其有须者剪下埋之。)

扦杉枝[4]。(惊蛰前后各五日，斩新枝埋土中，筑实，视天阴则插，插后过雨，更妙。)

压桑条。(燥土压柔枝，易活。)

压树条。(丙申日埋诸般树条，皆活。)

金丝桃

◎ **译文**

　　扦压瑞香。（剪取嫩枝扦压在背阴处，这种花害怕阳光直射，又讨厌潮湿。也可以扦压到花盆中，晚上搬出来接受露水，白天放到室内。应该经常浇水，又不宜放在湿地中，种在高地或斜坡上最好。）

　　扦压芙蓉。（方法见三月中。适宜在二月下旬扦压，如果天气寒冷，也可以等到清明后。）

　　扦压石榴。（剪下长短一尺左右的像指头一样粗的嫩枝，用指甲刮掉一两寸长的皮，扦插在背阴的地方。）

　　扦压栀子花。（方法见正月中。）

　　扦插金雀。（剪取五寸长的嫩枝，扦压在背阴湿润的地方就很容易存活，成活后次年开花。）

　　扦压木槿。（插到湿润的土壤中容易成活。）

　　扦压金丝桃。（剪下枝条，插到背阴的地方，嫩枝同样容易存活。）

　　扦压各种颜色的蔷薇。（剪取长约七寸的嫩枝，插在背阴且肥沃的地方，压实四周的土壤。不要伤到枝条的外皮，地面上只露出一寸左右。）

　　扦压柳枝。（靠近水的地方容易存活。）

　　扦压樱桃。（这种植物的枝干上常常长有根须，把带着根须的枝条剪下来，埋进土里。）

　　扦压杉枝。（惊蛰前后各五天，斩下新长出的枝条埋到土里，压实，等到天阴的时候就插进去。插枝后如果遇到下雨就更好了。）

　　扦压桑树条。（在干燥的土里扦压柔软的枝条，容易成活。）

　　扦压各种树条。（丙申日扦压各种树的枝条，都可以成活。）

[注释]

　　[1] 墩（dūn）：土堆。唐人李白《登金陵冶城西北谢安墩》诗："冶城访古迹，犹有谢安墩。"也指堆形的物体。宋人周去非《岭外代答·斗鸡》："人之养鸡也，结草为墩，使立其上，则足尝定而不倾。"

　　[2] 芙蓉：即木芙蓉。生长在陆地上的芙蓉花，又名"木莲""拒霜"等，属落叶大灌木，秋季开花。宋人陈景沂《全芳备祖·芙蓉花》："产于陆者曰'木芙蓉'，产于水者曰'草芙蓉'，亦犹芍药之有草木也。唐人谓木芙蓉为'木莲'，一名'拒霜'，其木丛生叶大，而其花甚红，九月霜降时候开。东坡为易名曰'拒霜'。"据花的颜色则可分为：红芙蓉，花大红；白芙蓉，花色洁白；五色芙蓉，色红白相嵌；还有一种醉芙蓉，早上白色，中午变浅红色，晚上变深红色，人称"芙蓉三变"。

　　[3] 木槿：落叶灌木或小乔木，叶子呈菱形或卵形，花有红、白、紫等颜色，树皮和花可入药。明人周文华《汝南圃史·木槿》："其花朝开暮落，一名为'舜'，或呼为'日及'。"

　　[4] 扦杉枝：本条讲述杉树的扦插方法，出自南宋温革《分门琐碎录·木总说》，"插杉枝，用惊蛰前后三日。斩新枝，锄开坑，入枝，下泥杵紧，相视天阴即插。插了，遇雨十分生"。

梨花

滋培

浇牡丹。（一云：春分后不宜浇水，待谷雨[1]前浇肥水一次。）

浇桃李。（将蛀者，以煮猪头汁冷定浇之，则不蛀。）

浇玉兰。（花未开时浇以粪水，则花大而香。）

浇芍药。（宜用浓粪。）

浇瑞香。（法见正月。又以人溺浇之，亦能杀蚓。）

浇迎春。（宜用烊牲水。）

浇柑、橙、橘。

浇林禽。

浇金弹[2]。

壅① 葡萄。（猪粪和土壅之，用米泔水、肉汁浇。）

壅桂。（蚕沙[3]壅根最妙。或云：猪粪浇之妙。）

[校记]

① 原文作"甕"。古书中多有誊写错误。根据文意改为"壅"。

◎ 译文

浇灌牡丹。（有一种说法：春分过后不宜浇水，等到谷雨到来以前浇一次肥水就行了。）

浇灌桃李。（树将要生虫的时候，把煮猪头剩下的汤水冷却后浇灌，就不会生虫。）

浇灌玉兰花。（在没有开花的时候用粪水浇灌，花就会开得又大又香。）

浇灌芍药。（适宜用浓粪。）

浇灌瑞香。（方法见正月中。也可以用人尿浇灌，同样能够杀死蚯蚓。）

浇灌迎春花。（适宜用烫牲畜去毛后剩下的水。）

浇灌柑树、橙树、橘树。

浇灌林檎。

浇灌金橘。

培壅葡萄。（用猪粪拌土培壅，再用淘米水、肉汁浇灌。）

培壅桂树。（最好用蚕粪培壅。也有人说，用猪粪浇灌最好。）

修整

治果树。（社日 [1] 用杵舂 [2] 根下，则果不落。）

舒葡萄。（是月，宜舒藤上架。）

解众树。（冬间缠缚，此时解之。）

晒建兰。（宜四面换晒。）

治桂。（叶有虫蚀，用鱼腥水洒之。）

◎ 译文

修整果树。（在春社日用棒槌捣树根，果实今后就不容易掉落。）

舒展葡萄。（这个月应该让葡萄藤舒展开，爬上葡萄架子。）

解开各种树。（冬天缠扎的树，这个时候要解开。）

晒建兰。（应该四个面轮换着晒。）

修整桂树。（如果发现叶子被虫子蛀蚀，就往上边洒鱼腥水。）

[注释]

[1] 社日：古时祭祀土地神的日子，各个朝代的具体日期不尽相同，一般是在立春、立秋后第五个戊日，分别称为春社、秋社。宋人陈元靓《事林广记·社日》："今春社常在二月内，秋社常在八月内，自立春后五戊为春社，立秋后五戊为秋社。如戊日立春、立秋，则此日不算。"

[2] 舂（chōng）：撞捣。南宋吴怿《种艺必用》："社日，令人舂桃树下，则结实牢。凡果实不牢者，宜社日舂其根。"

070

牡丹

防忌

忌移芍药。（见正月。）

◎ **译文**

忌讳移植芍药。（见正月中。）

三 月

清明[1]为三月节，谷雨为三月中。

◎ **译文**

清明是三月的节令，谷雨在三月中间。

[注释]

[1] 清明：传统的二十四节气之一，在阳历4月4日、5日或6日。当天有踏青、扫墓的习俗。

移植

移桂。（性喜阴，宜栽阴地。极宜松土，沙土为妙。有移桂多年不旺者，以非沙土故也。）

移栀子。（泥水桨根栽之，分根下独枝，大直立之不留。根下繁枝宛如小树，最可观。）

移秋海棠。（喜阴之极，一见日色即萎。芽长时移栽，或上盆亦可。）

移山茶。（初移者畏冻，须栽向阳处。）

移百合。

移各色蔷薇。（粉蔷薇喜水，十姊妹[1]不甚喜水。）

移玫瑰。（玫瑰分时取独、挺、大者，去其刺，植之宛如小树。以后根下抱起小枝，见则去之，亦可。久较丛生者独有致。）

移木香。（移大者须砍去老枝，根下自抽新苗。）

移梅。（如二月法。）

移杜鹃。（用山泥，拣去粗石，羊屎浸水浇之。喜阴恶肥，树下放置则青翠可玩。）

移樱桃。（宜植松土，不宜黄泥。）

移月季。

移桃、李、杏。（三果，惟杏不宜屡移，移则悭长[2]。最易移者，李也，且根分极蕃。桃性畏水浸根。）

移橙、柑、橘。[3]（以死鼠浸溺缸，候鼠浮起，取埋树下，来年极盛。）

移蝴蝶[4]。（此物有二种：白者喜阴，土松则旺；紫者，根每露出土上，宜以土盖之。剖根分栽易活，土墙上栽亦可。）

移荸荠[5]。

移鸡头[6]。

移茭白[7]。

移紫苏[8]。

移茄[9]。（茄着五叶，因雨移栽。）

移芋。

郁李

◎ 译文

移植桂树。（桂树喜欢阴凉，适宜种在背阴地；尤其适合栽种在松软的土里，沙土最好。有人移植桂树以后，多年都长不旺，这是因为种的地方不是沙土。）

移植栀子。（用泥水浆过树根后种植，用根下的独枝分栽，粗大、直立的枝条要去掉。根部枝条像小树一样繁茂，长出来后最好看。）

移植秋海棠。（特别喜欢阴冷，一见阳光就枯萎。等到秋海棠的芽长出来的时候移栽，或者移栽到花盆里也行。）

移植山茶。（刚刚移栽的山茶怕冻，需要移栽在向阳的地方。）

移植百合。

移植各种颜色的蔷薇。（粉色的蔷薇喜欢水，十姊妹不太喜欢水。）

移植玫瑰。（分栽玫瑰时，选取挺直、粗大的独枝，去掉上面的刺，像种小树一样种下去。以后如果根部长出了细小的枝条，一看见就把它剪掉。时间长了比丛生的玫瑰看起来更有韵味。）

移植木香。（移植大的木香，必须砍去老枝，根下自然会长出新的嫩苗。）

移植梅花。（与二月的移植方法相同。）

移植杜鹃。（用山泥种植，要把山泥中粗大的石子拣出来扔掉，用浸泡了羊屎的水浇灌。杜鹃喜欢背阴的地方，不喜欢肥土，放到树下边就能长得青翠可人。）

移植樱桃。（适合种在松软的土里，不能用黄土。）

移植月季。

移植桃、李、杏。（这三种果树，只有杏树不宜多次移植，频繁移植就会妨害它的生长。最容易移植的是李树，而且分栽的根长得十分茂盛。桃树的天性，害怕被水浸到树根。）

移植橙树、柑树、橘树。（把死老鼠浸到水缸里，等到老鼠浮起的时候，捞出来埋在树下，第二年这些果树会长得非常繁盛。）

移植蝴蝶花。（蝴蝶花有两种：白色的蝴蝶花喜欢背阴的地方，土壤疏松就能够长得很茂盛；紫色的蝴蝶花，一旦根露出地面，就要用

野迎春

土盖住。把根剖开分栽，容易成活。也可以种在土墙上面。）

移植荸荠。

移植芡。

移植茭白。

移植紫苏。

移植茄子。（茄子长出五片叶子时，趁着下雨进行移栽。）

移植芋头。

[注释]

[1] 十姊妹：蔷薇科植物。每蓓十花或七花，所以又称"七姊妹"。明人高濂《遵生八笺·十姊妹》："花小而一蓓十花，故名。其色自一蓓中分红、紫、白、淡紫四色。或云，色因开久而变。有七朵一蓓者名'七姊妹'。"清人邹一桂《小山画谱》卷上："蔷薇，一种名'十姊妹'，花小而五色俱备，并有花心内复生蕊者，亦丛生于枝末而有刺。"

[2] 悭（qiān）长：妨碍果树的生长。悭，本义为吝啬，引申为妨碍。

[3] 移橙、柑、橘：这里记述的用死鼠做肥料的柑橘种植方法。出自南宋温革《分门琐碎录·治果木法》："以死鼠浸溺缸内，候鼠浮，取埋橘树根下，次年必盛生。"

[4] 蝴蝶：这里指的是一种野生植物蝴蝶花，颜色有白有紫。清人邹一桂《小山画谱》卷上："紫蝴蝶，阔叶抽茎，干上生枝，陆续开放。""狭小而拳，白色红筋，此花宜栽高处，喜日色，土墙上多有之，俗谓之'墙头草'。"

[5] 荸荠：多年生草本植物，长在水田中。地下茎为扁圆形，皮呈深褐色或枣红色。肉白色，可以食用。古代称"凫茈""乌芋"，现在又称为"马蹄""水栗""菩荠"。

[6] 鸡头：即芡实，民间又称为"鸡头米"。芡为一年生水生草本植物，叶片很大，形状像荷叶，夏季开花，多为紫色，夏秋间结圆珠状果实，顶部有小孔。清人高士奇《北墅抱瓮录》："荒湾断堑皆种芡实，绿盘铺水，与荷芰相乱，弥望田田，早秋采实而食，有珠之圆，有玉之腻。"

[7] 茭白：多年水生草本植物，根茎长在水下，白色，可食用。清人汪灏《广群芳谱》："菰，一名'茭草'，江南人呼菰为'茭'，以其根交结也。""根生水中，江湖陂池中皆有之，江南两浙最多。"古代又称"菰首""菰笋""菰手""茭笋"等。

[8] 紫苏：一年生草本植物，叶子心形，根茎方形，花淡紫色，叶、茎和种子均可入药。有"桂荏""白苏""赤苏""红苏""黑苏"等多个名称。

[9] 移茄：本条出自南宋温革《分门琐碎录·种菜法》，"种茄法：茄着五叶，因雨移之"。

分栽

分芭蕉 [1]。（笋出尺许即可分栽，掘根宜深。）

分石榴。（法见二月。）

分剪秋罗。（见二月。如盆栽，须用大盆方妙，盆小土少多不旺。）

分山丹。

分菊秧。（锄松净地，润土和粪极匀，插秧其上。土宜畦高，以防水患，又不宜近树边。盖菊性喜阴而蔽露 [2] 又不发，性喜湿而积水又易枯也。）

分落花生 [3]。

分紫萼 [4]。

分荼蘼 [5]。（根下自出小秧，分栽阴处，易活。）

栽竹 [6]。（法见正、二月。若埋死猫于竹下，其竹鞭向之。此引竹法也。）

栽山药。

栽枸杞。

栽香芋。

栽韭 [7]。（初岁唯剪一次，剪即加粪，深畦容粪则肥。）

◎ **译文**

分栽芭蕉。（笋出土一尺左右就可以分栽，挖根的时候应该挖深一些。）

分栽石榴树。（方法见二月中。）

分栽剪秋罗。（方法见二月中。如果是盆栽，需要用大花盆才好。盆小的话，土太少，多半就长得不旺盛。）

分栽山丹。

分栽菊秧。（把打扫干净的地锄得疏松一些，将湿润的土与粪充分混合均匀，把秧插到上边。田畦要垄得高一些，防止水淹，不要靠近树木。虽然菊花喜欢背阴地，如果完全遮住阳光，也不会开花；虽然它喜欢湿润，但是积水过多又容易枯萎。）

分栽落花生。

分栽紫萼。

分栽茶蘼。（把根下长出的小秧分栽到背阴的地方，容易成活。）

栽种竹子。（方法见正月和二月中。如果把死猫埋在竹子下面，它的竹鞭就会向着埋死猫的方向生长。这是引导竹法走向的方法。）

栽种山药。

种植枸杞。

种植香芋。

种植韭菜。（第一年只剪一次，剪过之后马上加粪。畦越深，盛粪越多，地就越肥沃。）

[注释]

[1] 芭蕉：多年生草本植物，主要分布在我国南方地区。叶片长而宽大，果实成熟时黄色，同香蕉相似，观赏价值极高。宋人陈景沂《全芳备祖后集·芭蕉》："根叶与甘蕉无异，惟子不堪餐，出广闽中者有花，其实美可啖，甘蕉乃是有子者。其卷心中抽干作花，初生大萼如倒垂菡萏。红者如火炬谓之'红蕉'，白者谓之'水蕉'，闽人以灰埋其皮令滑绩以为布。"

[2] 蔽露：遮蔽、遮挡。

[3] 落花生：即花生。一年生草本植物。叶子呈椭圆状，花鲜黄色，外形像蝴蝶。开花授粉后，子房柄不断伸长，伸入地底，结出果实，古人以为其"花落后结果"，故名。果仁可以榨油和食用。清人檀萃《滇海虞衡志·志果》："落花生为南果中第一，以其资于民用者最广。宋元间与棉花、蕃瓜、红薯之类，粤估从海上诸国得其种归种之。"

[4] 紫萼：多年生草本植物，叶子长而阔大，花紫色，形状像喇叭。古人常常把它看成玉簪花。明人文震亨《长物志·花木》："玉簪，洁白如玉，有微香，秋花中亦不恶。但宜墙边连种一带，花时一望成雪。若植盆石中最俗，紫者名紫萼，不佳。"

[5] 荼（tú）蘼（mí）：今为"荼蘼"，古代也写为"酴醾"。蔓生小灌木，叶子呈椭圆形，夏季开花，花为白色，气味芬芳，果实深红色。古代又称"木香"，明人周文华《汝南圃史·酴醾》："今人呼大者为'酴醾'，小者为'木香'。"古书中还有许多别名，清人汪灏《广群芳谱》："酴醾，一名'独步春'，一名'百宜枝杖'，一名'琼绥带'，一名'雪缨络'，一名'沉香蜜友'。"

[6] 栽竹：埋死猫引竹鞭的说法流传甚广，具体可行与否有待考证。出自南宋温革《分门琐碎录·竹杂说》："若得死猫埋其下，其竹尤盛。"

[7] 栽韭：这里记述的韭菜种植方法，宋代已经有了比较普遍的应用。宋人陈元靓《事林广记·种蔬菜法》："种薤、韭之畦欲深，下水和粪，初岁唯一剪，每剪则加粪、深畦，所以容粪也。"

剪春罗

下种

种莲。（先以羊粪壤地[1]，立夏前两三日种，当年即花。）

种金凤[2]。（花开即去蒂则盛。）

种鸡冠[3]。（用扇子撒种则花大。一云用女裙。）

种桐子[4]。（九月收子，二三月作畦种之，治畦须下水。）

种栗。（月有三卯，宜种栗。）

种秋海棠。（种芽微露即可，种法见四月。）

种山药。（掘土极松，深二尺许，用大半灰拌匀，将好山药作寸余长段，横布土中，大抵[5]土愈松则愈旺。）

种扁豆。

种决明。（谷雨前后种。）

种芝麻[6]。

种芋。（种宜深，旱则浇水勤，勤锄草为妙。）

种红豆、绿豆。（宜瘦。）

种王瓜、丝瓜。

种朱蕉[7]。（清明后种松土或盆，须爱护之，性畏冷，种后宜频浇水。）

种瓠子[8]、葫芦。

种菱。

种荸荠。

种生姜。

种棉花。

种紫苏。

种黄独。（即俗名"黄精"者。）

种豇豆。（雨时。）

凤仙花

◎ **译文**

种植莲花。（先把羊粪上到地里，立夏前的两三天种植，当年就开花。）

种植金凤。（花开的时候立即去掉花蒂，就能长得繁盛。）

种植鸡冠花。（用扇子撒种子，就会开出比较大的花。另一种说法是用女子的裙子撒种。）

种植桐子。（九月收桐子，二三月间作畦栽种，修整田畦的时候要灌上一些水。）

种植粟子。（月内有三个卯日，适合种粟子。）

种植秋海棠。（种芽稍稍露出地面就可以了，方法见四月中。）

种植山药。（要把土翻得很松，深二尺左右，用大量的灰粪与少量的土搅拌均匀，把好山药切成一寸多长的小段，横放到土里。大体上说，盖的土越疏松，长得就越旺盛。）

种植扁豆。

种植决明。（谷雨前后种植。）

种植芝麻。

种植芋头。（种得要深一点，旱了就勤浇水，还要勤锄草。）

种植红豆、绿豆。（地要贫瘠一些。）

种植王瓜、丝瓜。

种植朱蕉。（清明后种到疏松的土里或者盆中，需要悉心照料。这种植物天性怕冷，种好以后需要勤浇水。）

种植瓠瓜、葫芦。

种植菱。

种植荸荠。

种植生姜。

种植棉花。

种植紫苏。

种植黄独。（也就是俗称为"黄精"的。）

种植豇豆。（下雨时种植。）

［注释］

[1] 以羊粪壤地：这里的意思是把羊粪拌到土里。

[2] 金凤：即凤仙花。一年生草本植物，夏季开花，花色不一。果实椭圆形。因为它的红色花瓣可以染指甲，民间俗称"指甲花""指甲草"。明人李时珍《本草纲目》："凤仙，人家多种之，极易生。二月下子，五月可再种。"古代也称为"金凤"，明人王象晋《群芳谱·花谱》："凤仙……开花头、翅、羽、足俱翘然如凤状，故又有'金凤'之名。"

[3] 种鸡冠：鸡冠，即鸡冠花。一年生草本植物，花状如鸡首之肉冠。明人李时珍《本草纲目》："鸡冠，处处有之。三月生苗。入夏高者五六尺，矬者才数寸。""六七月梢间开花，有红白黄三色。其穗圆长而尖者，俨如青葙之穗；扁卷而平者，俨如雄鸡之冠。"有些奇特的种植方法，显然是不科学的。例如最早见于南宋温革的《分门琐碎录·种花》："种鸡冠花，如立撒子则高株方开花；若坐撒子则小株低矮开花。如以扇或妇人裙撒子，则花大亦如之；如以手撒子，则花如手指。"

[4] 种桐子：这段文字出自北魏贾思勰《齐民要术·种槐柳楸梓梧柞》："青桐，九月收子。二三月中，作一步圆畦种之。治畦、下水。"

[5] 大抵：大体、大致。宋人欧阳修《洛阳牡丹记·风俗记》："大抵洛人家家有花而少大树者，盖其不接则不佳。"

[6] 芝麻：也叫"脂麻"。一年生草本植物。种子小而扁平，有白、黑、黄、褐等不同颜色。可以食用，也可以榨油。古代又称"胡麻""油麻"，原产于西域。宋人沈括《梦溪笔谈·药议》："张骞始自大宛得油麻之种，亦谓之'麻'，故以'胡麻'别之，谓汉麻为'大麻'也。"汉麻，指中国本土出产的麻。

[7] 朱蕉：多年生灌木，直立而粗壮，叶子紫色或玫红色，因此称为朱蕉，夏季开花，花紫红色。清人李调元《南越笔记》："朱蕉，叶芭蕉而干棕竹，亦名'朱竹'。以枝柔不甚直挺，故以为蕉。叶绀色，生于干上，干有节，自根至杪，一寸三四节或六七节，甚密。然多一干独出无旁枝者。通体铁色，微朱，以其难长，故又名'铁树'。"

[8] 瓠子：即瓠瓜，葫芦的变种。一年生攀缘状草本植物。果实粗细匀称，呈圆柱形，直挺或稍微弓曲，绿白色，嫩时可作为蔬菜食用。

葫萄

过接

接果树 [1]。（上旬斫取果木好枝长五六寸，纳大芋魁 [2] 中，种之易成树，大蔓青 [3] 根亦可用。俱胜核种者。）

接葡萄 [4]。（栽枣树傍，至春钻枣作孔，引枝透出。二三年，枝长塞满，便可砍去下根，托根枣树，肉大而甘。此北方种法。）

贴玉兰。

贴石榴。

过夹竹桃 [5]。（用大竹管实 [6] 秧在内，肥泥灌之。久久根满。八月剪下，盆中栽之。）

◎ 译文

嫁接果树。（三月上旬砍取果树上长势良好的枝条，长五六寸，插到大芋头中，这样种容易长成大树，大蔓菁的根也可以用。都胜过用果核种植。）

嫁接葡萄树。（栽种在枣树旁边，到了春天，在枣树上钻孔，让葡萄枝从孔里钻出来。两三年后，枝条长满树孔，这时候就可以砍去葡萄的根。让葡萄扎根在枣树上，结出的葡萄个头大，味道甜。这是北方的种法。）

接贴玉兰花。

接贴石榴。

嫁接夹竹桃。（把夹竹桃秧塞进粗大的竹管中，灌进肥沃的泥水，时间一长，根就会长满竹管。八月剪下来，种进花盆。）

[注释]

[1] 接果树：本条出自北魏贾思勰《齐民要术·栽树》："三月上旬斫取好直枝，如大母指，长五尺，内著芋魁种之。无芋，大芜菁根亦可用。胜种核，核三四年乃如此大耳。"内即纳，芜菁也叫"蔓菁"。

[2] 芋魁：即芋头，芋的块茎主干。宋人罗愿《尔雅翼》："芋之大者，前汉谓之芋魁，后汉谓之芋渠。"魁、渠，都是大的意思。

[3] 蔓青：即"蔓菁"，是芜菁在北方地区的名称，民间也称为"大头菜"。植物名，花黄色，块根可作蔬菜。

[4] 接葡萄：让葡萄托枣树而生的嫁接技术，宋代文献中有很多记载。宋人温革《分门琐碎录·接果木法》："葡萄欲其肉实，当栽于枣树之侧，于春间钻枣树作一窍，引葡萄枝入窍中透出。至二三年，葡萄枝既长大，塞满窍子，便可斫去。葡萄根令托枣根以生，便得肉实如枣，北地皆如此种。"北方农村至今仍然保留着这样的种植方法。

[5] 夹竹桃：常绿灌木，叶子狭长如竹，花桃红色或白色。叶、花、树皮都有毒性。清人汪灏《广群芳谱》："夹竹桃，花五瓣，长筒，瓣微尖，淡红，娇艳类桃花，叶狭长，类竹，故名'夹竹桃'。"

[6] 实：填满，塞实。

扦插

扦芙蓉。（以硬木棒插地作孔，实以粪及河泥。花桩 [1] 长尺许扦下，遮以烂草。清明后即可扦。）

扦木槿。

扦各色蔷薇。（如二月法。粉蔷薇最喜水，太干则不活，十姊妹忌水浸根。）

扦栀子。（扦水边极易活，或秧田中亦可。）

扦瑞香。（剪嫩枝四五寸，将剪处皮挑起二三分，去其中枝，以润泥捏拢其皮，埋之土中。此法十活八九。梅天尤妙。余法如前。）

扦枸杞。

压贴梗海棠。（扳枝着地，肥土壅之，久则生根。十月截断，二月移栽，随剪随移则不活。）

◎ **译文**

扦插芙蓉。（用硬木棒在地上插一个孔，往孔里填满粪和河泥。把一根尺余长的芙蓉枝条插进去，将烂草盖在上边。清明过后就可以扦插。）

扦插木槿。

扦插各种颜色的蔷薇。（像二月的扦插方法一样。粉色蔷薇最喜欢水，如果太干燥就不容易成活，十姊妹蔷薇忌讳被水浸到它的根。）

扦插栀子。（扦插在水边非常容易成活，或者扦插在田地里也可以。）

扦插瑞香。（剪下四五寸长的嫩枝，把剪口处的皮挑起二三分，去掉中间的枝条，用湿润的泥土把皮捏拢到一起，埋进土里。用这种方法扦插，十有八九都能成活。梅雨天扦插，效果尤其好。其他方法同前面的一样。）

扦插枸杞。

压条贴梗海棠。（把海棠的枝条扳到地面，周围堆满肥沃的土，时间久了就长出了根。十月截断，到翌年二月再移栽。如果剪下之后马上移植，不容易成活。）

[注释]

[1] 花桩：指花木砍伐或折断后残留在地上的部分。

滋培

　　浇牡丹。（谷雨前，浇肥水一次。）

　　浇菊秧。（早晚用河水、天落水[1]浇，活苗头起时暂止。待长五七寸时，用粪水浇一次。）

　　浇众花。[2]（凡花三四日开者，以马粪浸水浇之，次日即开，此催花法也。各依花时，不独三月。）

◎ 译文

　　浇灌牡丹花。（谷雨之前，浇一次肥水。）

　　浇灌菊秧。（早上、晚上用河水或雨水浇。活苗一长出头就停止浇灌。等到苗长到五至七寸的时候，再用粪水浇灌一次。）

　　浇灌各种花草。（但凡将要在三四天后才开的花，用马粪泡水浇灌，第二天就开了，这是催花之法。按照各种花的开花时节浇灌，不光是三月才会这样。）

[注释]

　　[1] 天落水：指雨水、雪水等从天上落下的水，与地水相对。明人李时珍《本草纲目·水部》把天水分为雨水、冬霜、腊雪、夏冰、屋漏水等13种，地水分为流水、井泉水、节气水等30种。

　　[2] 浇众花：浇灌各种花草。此处介绍了浇灌马粪水，促使花卉提前几天开放的方法，这种催花法在宋元时代就已经相当流行了。宋人温革《分门琐碎录·浇花法》："催花法：用马粪浸水，前一日浇之。三四日方开者，次日尽开。"

益母草

合欢花

修整

遮牡丹。（设幕，遮日遮雨，则花能耐久。）

修芍药。（看蕊圆而实者留之，虚大者去之，新栽止留一二花，宿根盛者留三四花。太多则不成千叶矣。）

菖蒲[1]出窖[2]。（去垢，无风处深水养之。）

橙橘去盖。

棕竹出室。

虎刺[3]见天。

建兰出室。（放露天，四面皆得浇水。大雨则绳束其叶，连阴则移向避雨通风处。）

山药去盖。

夹竹桃去室。（恶湿畏寒又喜肥，不可缺壅。）

去牡丹蕊[4]。（着蕊如弹子大时，试捻之，十朵中必有几朵不实者，即去之，庶不夺他花之力。）

除柑树虫[5]。（柑树患虫，取蚁窠[6]系其上，则虫自去。）

朱蕉出窖。

夹竹桃

◎ **译文**

遮护牡丹。（拉一道幕布，遮住太阳和雨，花就能开很久。）

修整芍药。（看到花蕊浑圆而饱满的就留下来，花蕊大而空虚的就摘掉。新种植的只留下一两朵花，长在老根上并且很旺盛的可以留三四朵。如果花蕊留得太多，最后就开不成千叶了。）

把菖蒲从地窖里挪出。（清除尘垢，放到没有风的深水处养护。）

撤去遮护橙树、橘树的盖子。

把棕竹搬出户外。

把虎刺搬到室外见天。

把建兰搬出户外。（放在露天，四面都能浇水。遇到大雨，就用绳子捆住它的枝叶，连续阴天则需要挪到避雨又通风的地方。）

撤去遮护山药的盖子。

把夹竹桃搬到户外。（夹竹桃厌恶潮湿，害怕寒冷，喜欢肥沃的土壤，离不开壅肥。）

去掉牡丹花蕊。（花蕊像弹子大小的时候，试着挑出十朵，其中一定有几朵不饱满的，马上摘掉，这样就不会同其他的花蕊争夺养分了。）

柑橘树除虫。（柑树生虫，取一个蚂蚁窝，拴在树枝上，虫子自然就会离开。）

把朱蕉搬出地窖。

[注释]

[1] 菖蒲：多年生草本植物，叶形狭长，花黄绿色，根茎肥大，可入药，多数生于水边池泽中；石菖蒲则长在山涧水石缝隙或流水砾石之中。清人汪灏《广群芳谱·菖蒲》："一名'昌阳'，一名'昌歜（chù）'，一名'尧韭'，一名'荪'，一名'水剑草'。"

[2] 窨（yìn）：地窖，也指在地窖中贮藏。宋人张邦基《墨庄漫录》："令众香蒸过，入磁器，有油者，地窖窨一月。"

[3] 虎刺：常绿小灌木，枝干灰褐色，叶子椭圆形，春夏之间开花，花红色或白色。明人周文华《汝南圃史·虎刺》："四月开细白花，花四出，花开时子犹未落，红白相间甚可爱，花落结子至冬，红如丹砂，有二种，叶细者佳，吴人多植盆中，以为窗前之玩。"

[4] 去牡丹蕊：这种筛选方法出自南宋温革《分门琐碎录·种花》中的"牡丹着蕊如弹子大时，试捻之，十朵之中必有三两朵不实，去之则不夺他花之力"。

虎刺

[5] 除柑树虫：用蚁防治柑橘虫蠹（dù），唐代已经开始使用。唐人刘恂《岭表录异》："岭南蚁类极多。有席袋贮蚁子窠鬻于市者，蚁窠如薄絮囊，皆连带枝叶，蚁在其中，和窠而卖也。"宋代的收集和运输方法又有改良，宋人庄绰《鸡肋篇》下："广南可耕之地少，民多种柑橘以图利。常患小虫损食其实，惟树多蚁，则不能生，故园户之家，买蚁于人。遂有收蚁而贩者，用猪羊脬，盛脂其中，张口，置蚁穴旁。俟蚁入中，则持之而去，谓之'养柑蚁'。"

[6] 窠：窝、坑。南宋吴怿《种艺必用》："种石榴。取直枝如大母指，斩一尺，八九条共为一窠。"

防忌

防竹鞭 [1]。（二三月竹行鞭，每每穿阶入屋，惟聚皂荚
刺埋之，根则不过，油麻萁 [2] 亦妙。）

忌栽松柏。（栽松柏，只宜春分前后，三月则难活矣。）

菊忌。（雨中分菊，湿泥着根，则花不茂盛。）

忌移芍药。（见正月。）

◎ 译文

防止竹鞭乱窜。（二三月，竹鞭四处蔓延，常常穿过台阶钻进屋子。
收聚皂荚刺埋在屋子周围，竹鞭就再也穿不进来。芝麻秆也可以。）

忌讳种植松柏。（松树、柏树，只适合在春分前后栽种。如果到三
月才栽种，就很难成活了。）

菊花禁忌。（不能在雨中分栽菊花，一旦根沾上了湿泥，菊花就不
能盛开了。）

忌讳移植芍药。（具体事宜见正月中。）

[注释]

[1] 防竹鞭：在竹根周围堆埋皂荚刺或芝麻秆，以防止竹根四处乱钻，破坏阶砌。
这一技术最早见于南宋温革《分门琐碎录·竹杂说》："筀（guì）竹根多妨害街砌，
堆聚皂荚刺，堆土以障之，根即不过。栽油麻萁作小把埋之，亦妙。"筀竹，也就是
桂竹。

[2] 油麻萁（qí）：油麻即芝麻，萁是豆类植物的秆茎。

四 月

立夏^[1]为四月节，小满^[2]为四月中。

◎ **译文**

　　立夏是四月的节令，小满在四月中间。

[注释]

　　[1] 立夏：传统的二十四节气之一。在阳历5月5日、6日或7日。

　　[2] 小满：传统的二十四节气之一，在阳历5月20日、21日或22日。

移植

移秋海棠。(阴雨时移栽北墙下。用碎瓦砌地,种之极宜。故砖瓦缝中生者常盛。此时上盆亦可。)

移栀子。(带花移者,易活,宜浆根栽。)

移菊。(上盆时,宜去旧土换新土,去瓦砾,和鸡鹅粪栽之,则根株长大,花朵丰厚。)

移茉莉[1]。(换盆时,周围去土一层,填以肥土,用水浇之,芽发,方浇以粪。)

移芍药。(此花须顶花移栽方妙,栽时根不欲深,深则花不旺。又忌犯铁器,性最喜肥,栽菜园中亦妙。)

移缠枝牡丹。(芽长寸许即可移。若出土早,则三月可移。)

移韭叶萱。(宜栽向阳地。)

移梧桐。(宜栽高爽处,根下不宜用水,二三年后,锄其下,令见蔓根,以粪壅之尤妙,盖其性耐肥也。)

◎ **译文**

移植秋海棠。(阴雨天移栽到在北墙下面。在用细碎瓦片铺成的地面上种植,非常合适。因为砖瓦缝中常常长得很旺盛。这时种到花盆中也可以。)

移植栀子。(带花移栽的栀子,容易成活,应该用泥水浆过根部再栽种。)

移植菊花。(移进花盆时,应该把里边的旧土换成新土,清除盆里的瓦砾,拌着鸡、鹅的粪便种下,菊花的根会长得粗大,花朵大而厚。)

移植茉莉。(换花盆时,去掉表面的一层土,换上肥沃的新土,用

萱草

水浇。出芽后，才能用粪浇灌。）

　　移植芍药。（这种花需要在花开时移植，种植的时候，根不要太深，太深的话，花开得不旺。芍药又忌讳触碰铁器，天性喜欢肥土，种到菜园里也很好。）

　　移植缠枝牡丹。（芽长出寸把长就可以移植。如果长出地面的时间早，那么三月也可以移植。）

　　移植韭叶萱。（适合种到向阳的地方。）

　　移植梧桐。（应该栽种到地势高、空气流通的地方，树根下不要有水。两三年后，锄开下面的土，让正在蔓延的根露出来，再用粪土培壅在根部，因为它天性耐肥。）

[注释]

　　[1] 茉莉：常绿灌木。夏季开白花，有浓香。花可熏制茶叶，又为提取芳香油的原料。亦指这种植物的花。宋人李格非《洛阳名园记·李氏仁丰园》："远方奇卉如紫兰、茉莉、琼花、山茶之俦（chóu）。"

分栽

分石菖蒲。

分秋牡丹。

分翠筠草 [1]。

栽竹。（正月一日，二月二日，逐月如此，皆可栽，或云每月二十日亦可。地广宜筻竹 [2]，亭槛宜箹竹 [3]。）

分菊。（分菊不厌迟，四月亦可，全墩掘起，拣壮嫩有须者栽之，去根上浮起白翳 [4]，用鸡鹅粪和干润土筑实。）

分荼蘼。（根下自出小秧，分栽他处，次年即花。）

◎ 译文

分栽石菖蒲。

分栽秋牡丹。

分栽翠筠草。

栽种竹子。（正月初一，二月初二，如此类推，都可以栽种。有一种说法是，每月的二十日也可以种植。宽敞的地方适合栽种筻竹，庭园门槛的周围适合栽种箹竹。）

分栽菊花。（分栽菊花不怕迟，四月也可以。把整个根部都挖起来，挑选根部又壮又嫩并且带着根须的栽种。栽的时候，要去掉根须上浮起的白雾，用鸡鹅的粪便拌和半干半湿的土，压实。）

分栽荼蘼。（荼蘼根下自己长出的小秧苗，分栽到其他地方，次年就可以开花。）

杏花

[注释]

[1] 翠筠草：又作"翠云草"。多年生草本植物，茎叶细软，青翠可爱。又叫"龙须""蓝草""剑柏""蓝地柏""地柏叶"。明人周文华《汝南圃史·翠云草》："以其叶青翠似云故名，止可供玩而无香，非芸草也。《太仓志》云：'翠云草生阴湿处，满砌如连钱，青翠可爱。'"

[2] 筿竹：竹子品名，多产于江浙地区，适合制作竹编器具。宋人张淏《会稽续志·竹》："筿竹，越中俱有，而剡为多。"后世称为"桂竹"，明人方以智《通雅·竹苇》："今所谓桂竹，古之筿竹也。"

[3] 筋（zhù）竹：竹名，粗细如筷子，又称"越王竹"。元人李衎《竹谱·异形品下》："越王竹，出海南。《岭表录异》曰：'根生石上，如细藤，高尺余，南中爱其青色，用为酒筹、菜筋，云是越王弃余筹生此竹。'《番禺志》云：'越王筋竹，细如箭干，每一节可为一筋，故呼越王筋竹。'"

[4] 翳（yì）：云雾。宋人吕祖谦《卧游录》卷一："司马太傅斋中夜坐，于时天月明净，都无纤翳。"这里指雾状的尘气。

下种

种秋葵 [1]。（浮土种之，干则润以水，数日即出。若种太 ① 早，多不出。）

种雁来红 [2]。（洒松润土上。雁来黄 [3]、十样锦 [4]，同法。）

种朱蕉。（立夏时，亦可种。法见三月。）

种御黍 [5]。

种枇杷。

种白苋。

种芝麻。

种紫苏。（月初种。）

种莜菜 [6]。

种晚黄瓜。

种椒。

种夏萝卜。

种大豆。

种绿豆。

[校记]

① 原文作"太种"，文意不畅，今改正。

百合

◎ 译文

种植秋葵。（种到疏松的土里。如果土壤太干就浇水，几天就能出芽。如果种得太早，多半不会发芽。）

种植雁来红。（把种子撒在松软湿润的土上。雁来黄、十样锦也是用这样的方法来种植。）

种植朱蕉。（立夏时，也可以下种。方法见三月部分。）

种植玉米。

种植枇杷。

种植白苋。

种植芝麻。

种紫苏。（在月初下种。）

种植白菜。

种晚熟的黄瓜。

种植花椒。

种植夏萝卜。

种植大豆。

种植绿豆。

[注释]

[1] 秋葵：一年生草本植物。直立生长，叶子较大，花呈碗状，黄色或白色，果实绿色，形状像尖椒，长有细毛。可作蔬菜。又名"金秋葵""黄秋葵""羊角豆"等。明人吴彦匡《花史》："秋葵色黄，叶如鸡足，放花于秋，与葵相似，故名'秋葵'。檀蒂，白心，黄花绿叶。"

[2] 雁来红：苋类植物中的一种。一年生草本植物，茎粗壮，叶子有绿、红、黄、紫等色，菱形或卵形。嫩苗可作蔬菜。明人李时珍《本草纲目·雁来红》："茎叶穗子并与鸡冠同，其叶九月鲜红，望之如花，故名。吴人呼为'老少年'，一种六月叶红者名'十样锦'。"明人徐光启《农政全书·后庭花》："一名'雁来红'，人家园圃多种之。叶似人苋叶，其叶中心红色，又有黄色相间，亦有通身红色者，亦有紫色者。茎叶间

秋葵花

结实，比苋实差大。其叶众叶攒聚，状如花朵，其色娇红可爱，故以名之。"

[3] 雁来黄：苋类植物中的一种，又称"雁来红""老少年""三色苋"等。

[4] 十样锦：与雁来红、雁来黄同属于苋类植物，花色有所不同。明人周文华《汝南圃史》："叶端色黄者，盖指十样锦。""十样锦，叶绿，初出时与苋无辨，秋深秀，出新叶，红黄相间。老少年，叶初出后乃正红。"

[5] 御黍：即玉米。

[6] 菘（sōng）菜：蔬菜名，即白菜。明人李时珍《本草纲目》："菘，即今人呼为白菜者。有二种，一种茎圆厚微青，一种茎扁薄而白。其叶皆淡青白色。""燕京圃人又以马粪入窖壅培，不见风日，长出苗叶皆嫩黄色，脆美无滓，谓之'黄芽菜'，豪贵以为嘉品。"

过接

接梅[1]。（或云桑上接梅，则子不酸。）

接杏。

接菊。（好菊难得者，以庵闾[2]根接之。）

◎ 译文

嫁接梅树。（有一种说法：把梅嫁接在桑树上，结出的梅子不酸。）

嫁接杏树。

嫁接菊花。（用庵闾的根嫁接，能长出好菊花。）

[注释]

[1] 接梅：出自南宋温革《分门琐碎录·接果木法》中的"桃树，李接枝则红而甘；李接桃枝，生子则为桃李。桑树接杨梅则不酸"。

[2] 庵闾：菊类植物名。半灌木状草本，叶子卵形，边缘有锯齿，花黄白色。可以入药。多生长在山坡、草地、灌丛地带。

绣球

扦压

扦荼蘼。（宜雨中。）

扦木香。（剪枝长二尺许，两头埋土中。）

扦锦带。（雨时扦，如正月法。）

扦茉莉。（阴雨时，从节摘断，扦肥阴处，可活。焯猪汤浇之则肥。）

扦栀子。（阴雨时，扦肥土中。）

扦各色蔷薇。（如二月法。扦活者，至次年剪秃，可作盆景。开花数枝，殊有致[1]。）

压桂。（以缸实土，架起压枝，一月生根，逾年截断，含蕊时移栽。桂树须用沙土栽，则茂盛。）

压木香。

压栀子。（土压小枝，逾年生根，移栽肥土，易活，性喜肥。）

压玉绣球。

压玉蝴蝶。

◎ **译文**

扦插茶蘼。（适合在雨中扦插。）

扦插木香。（剪下二尺多长的木香枝，把两头都埋在土里。）

扦插锦带。（下雨时扦插，方法和正月的一样。）

扦插茉莉。（下雨时，从茉莉的关节处摘断，插到肥沃而阴凉的地方，就能成活。用杀猪时烫毛的水浇灌，可以长得很茂盛。）

扦插栀子。（下雨时插到肥沃的土壤里。）

扦插各种蔷薇。（跟二月的种法相同。扦插成活后的蔷薇，到第二年把枝叶剪光，可以作盆景。好几枝上都能开花，极有情趣。）

压条桂树。（缸里盛满土，架起来进行压条，一个月就能生根，满一年的时候，就把它和母株分开，等到含苞待放的时候移栽。桂树需要移栽到沙土中，才会长得茂盛。）

压条木香。

压条栀子花。（用土压小的枝条，一年后就能长出根，然后移栽到肥沃的土壤中，这样容易成活。栀子天性喜欢肥土。）

压玉绣球。

压条玉蝴蝶。

[注释]

[1] 殊有致：特别有情趣。殊，表示程度深。清人刘鹗《老残游记》第六回："又见许多麻雀儿，躲在屋檐底下，也把头缩着，其饥饿之状，殊觉可悯。"致，情趣、意态。宋人沈竞《菊谱》："菊苗尺余时，以两样两本，各披去一边皮，用麻札合。养成独本，上结为盘，开花各样，亦有致也。"

金盏菊

滋培

浇牡丹。

浇菊秧。（如三月法。）

浇茉莉。（法见五月。一云皮屑浸水，或米泔水，皆妙。又云，宜粪。）

浇建兰。（用茶浇，亦妙。）

◎ 译文

浇灌牡丹。

浇灌菊花苗。（方法如同三月。）

浇灌茉莉。（方法见五月中。有一种说法，用皮屑浸泡过的水浇灌，或者用淘米水，都很好。也有人说，应该用粪浇灌。）

浇灌建兰。（用茶水浇，也很好。）

修整

晒建兰。

遮瑞香。（小满。）

剪海棠。（花谢后结子，宜剪去，则来年花盛无叶。）

扶芍药。（花开时以竹条扶之，勿令欹侧[1]。有雨则遮，免速零落，忌犯铁器。）

斫桃皮[2]。（桃树过春，以刀疏斫之，则穰[3]出不蛀。）

剪牡丹。（花败后即剪去花枝嫩处一二寸。）

素馨[4]出窖。（立夏日。）

茉莉去罩。（立夏日去罩，法见前移植。）

剪菖蒲换盆。（用十四日。）

伐树。（是月伐树不蛀。）

◎ 译文

晒建兰。

遮护瑞香。（小满时遮护。）

剪海棠。（花凋谢后如果结了子，应该马上剪枝，第二年就能光开花不长叶子。）

扶护芍药。（花开的时候，用竹条支撑，不要让它歪歪斜斜。遇到下雨就遮挡起来，免得很快被雨打落。不能碰到铁器。）

轻划桃树皮。（过了春天，用刀疏疏地轻划桃树的皮，让里边的穰出来，今后就不会被虫子蛀咬。）

修剪牡丹。（花凋谢后就把花枝鲜嫩的地方剪掉一两寸。）

把素馨搬出地窖。（在立夏这一天搬出。）

去掉茉莉的罩子。（在立夏这一天去罩，方法见前面的移植部分。）

修剪菖蒲，换盆。（在十四日这一天。）

修剪树木。（这一月修剪的树木，不会被虫蛀咬。）

[注释]

[1] 攲（qī）侧：倾斜，歪斜。元人张福《种艺必用补遗》："竹林中有树，切勿去之。盖竹为木枝所碍，虽风雨雪不复攲侧。"

[2] 斫桃皮：这一条的意思是，用刀划伤树皮，以避免树皮过紧而影响果树生长，这种技术在南北朝已经出现，北魏贾思勰《齐民要术·种桃柰（nài）》："桃性皮急，四年以上，宜以刀竖劙（lí）其皮。不劙者，皮急则死。""皮急"是说树皮太紧，用刀子轻划。本条的直接来源是南宋温革《分门琐碎录·治果木法》中的"桃树过春月，以刀疏斫之，则穰出而不蛀"。穰指树皮里边的淀粉。

[3] 穰（ráng）：树干、果皮内的柔软部分，容易被虫子蛀咬。宋人温革《分门琐碎录·酝酿》："用橙子去穰，以皮浸酒缸中，密封寄窨三两日，其香尤甚。"

[4] 素馨：又名"耶悉茗""索馨针""玉芙蓉""野悉蜜"等。直立灌木，喜暖畏寒，花色洁白，芳香宜人。宋人周去非《岭外代答》："素馨花，番禺甚多，广右绝少，土人尤贵重。开时旋掇花头，装于他枝，或以竹丝贯之，卖于市，一枝二文，人竞买戴。"宋人吴曾《能改斋漫录·素馨花》："唯花洁白，南人极重之，以白而香，故易其名。妇人多以竹签子穿之，像生物置佛前供养。又取干花浸水洗面，滋其香耳。"

收藏

摘枇杷。（小满日。）

摘蒜苗。

收蚕豆。

收葱子。

收萝卜。

收芫荽[1]子。

收杏仁。

◎ 译文

摘枇杷。（在小满日这一天摘。）

摘蒜苗。

收藏蚕豆。

收藏葱子。

收藏萝卜。

收藏芫荽子。

收藏杏仁。

[注释]

[1] 芫（yán）荽（suī）：又名"胡荽""葫荽""香菜"。一二年生蔬菜，茎、叶有香气，叶细薄柔嫩，可以生食，亦可熟食或盐渍。元人王祯《王祯农书·百谷谱》："葫荽，其子捣细，香而微辛，食馔中多作香料，以助其味。于蔬菜，子叶皆可用，生熟皆可食。"

防忌

牡丹、芍药忌 [1]。（二花俱不宜置木斛 ①[2] 中，不耐久，又须避风。）

去牡丹虫法 [3]。（枝上有穴如针孔，是虫藏处，以大针点硫黄末刺入，则虫死。或用百部 [4] 草塞之，不特 [5] 此时可行。）

防各色新接花。（梅雨侵皮则不活，切须爱护预防为妙。）

[校记]

① 原作"櫒"，根据南宋温革《分门琐碎录·花木忌》的原文改为"斛"。

◎ 译文

牡丹、芍药禁忌。（这两种花不适合与木斛种在一起。不耐久，还得注意避风。）

牡丹的除虫方法。（牡丹枝条上有像针眼那样的小孔，这是虫子的藏身处。用大针沾着硫黄粉末刺进去，虫子就会死掉。或者用百部草堵住它，这种方法不光是这个时候才管用。）

防护各种刚刚嫁接的花。（如果被梅雨浸湿了皮，就不能成活。一定要注意爱护、预防才好。）

七姊妹

[注释]

[1] 牡丹、芍药忌：这段文字出自南宋温革《分门琐碎录·花木忌》中的"芍药、牡丹不可置木斛中，不耐久，仍须要避风处"。

[2] 木斛：一种附生于高山岩石或树干上的多年生草本植物。开白花，茎丛生直立，绿褐色，可以入药。明人李时珍《本草纲目·石斛》："其生栎木上者，名'木斛'。其茎至虚，长大而色浅，不入丸散，惟可为酒渍煮之用。俗方最以补虚，疗脚膝。"

[3] 去牡丹虫法：这段方法在两宋文献中颇为常见。宋人欧阳修《洛阳牡丹记·风土记》："花开渐小于旧者，盖有蠹虫损之。必寻其穴，以硫黄簪之。其旁又有小穴如针孔，乃虫所藏处，花工谓之'气窗'，以大针点硫黄末针之，虫乃死，花复盛，此医花之法也。"

[4] 百部：又名"百部根""九重根"，多年生藤本植物。块根中含有各种生物碱，对很多害虫都具有杀伤性，叶子也常常被古人用来除灭各种害虫。明人李时珍《本草纲目·百部》："其根多者百十连属，如部伍然，故以名之。"

[5] 不特：不止。明人余永麟《北窗琐语》："今去二王，已千年矣，而无片纸之存。不特晋人，虽唐之墨迹存者亦稀。"

五 月

芒种 [1] 为五月节，夏至 [2] 为五月中。芒种后逢庚即是梅天，一云，芒种即交梅 [3]。

◎ 译文

芒种是五月的节令，夏至在五月中间。芒种后遇到庚日就是梅天的开始。也有一种说法，芒种当天就算入梅。

[注释]

[1] 芒种：传统二十四节气之一。在阳历6月6日前后。

[2] 夏至：传统二十四节气之一。在阳历6月21日或22日。

[3] 交梅：进入梅雨季节。各地气候时节不同，入梅期也各不同。南宋陈元靓《岁时广记·夏黄梅雨》："梅熟而雨曰'梅雨'。又，闽人以立夏后逢庚日为入梅，芒种后逢壬日为出梅。"

移植

移菊上盆。（如四月法。）

移栀子。（须带花移。）

移金丝桃。

移石榴。

移剪春罗。

移兰、菊。

移竹[1]。（十三日为竹醉日，宜移竹，遇雨尤佳。栽处须筑土，少高，使水不浸。又斩去梢为架，扶之使不摇动。一法：用砻糠[2]和泥抱根上，用净土铺盖，则根易行。或谚云："栽竹无时，遇雨则移①。多留宿土[3]，切记南枝。"不必五月十三日也，只宜松土厚培为妙。）

[校记]

① 原误作"疑"，这段文字杂糅了南宋温革《分门琐碎录·竹杂说》中的多个段落，《种艺必用补遗》《种树书》等宋元农书也多次引用，据各本改为"移"。

◎ 译文

把菊花移植到盆中。（和四月的方法相同。）

移植栀子。（必须带花移植。）

移植金丝桃。

移植石榴。

移植剪春罗。

移植兰花、菊花。

移栽竹子。（五月十三日是竹醉日，适宜移植竹子，遇到下雨更好。移栽的地方需要堆好土，略高一些，不要让水浸泡。然后，砍去一些枝梢做成架子，支撑住竹子让它不能晃动。还有一个方法是，用砻糠拌泥土，环涂在竹根上，铺上干净的土盖住，竹根就容易四处蔓延了。有一条谚语中说，栽竹没有固定的时限，遇到下雨就可以移栽。移植时多留一些原先的泥土，一定要记住竹子本来的朝向。未必要等到五月十三日移栽。但是，一定要用疏松的土厚厚地培壅根部才好。）

[注释]

[1] 移竹：这段文字包含了多部农书中的种竹技术，字面上做了一些改动。竹醉日之说出自北魏贾思勰《齐民要术·种竹》。后半段文字抄自南宋温革《分门琐碎录·竹杂说》："谚曰：'栽竹无时，雨下便移，多留宿土，记取南枝。'如要不间年出笋，用本命日，谓正月一、二月二之类是也。""种竹之法：斩去梢，仍为架扶之，使根不摇，易活。又云：三两竿作一本移。盖其根自相持则尤易活也。或云：不须斩梢，只作两重架为妙。"

[2] 砻（lóng）糠：稻谷经过碾磨后脱下的壳。砻，脱稻壳的农具。元人王祯《王祯农书·砻》："所以去谷壳也。淮人谓之'砻'，江浙之间亦谓之'砻'。编竹作围，内贮泥土，状如小磨，仍以竹木排为密齿，破谷不致损米。就用拐木窍冠砻上，掉轴以绳悬檩上，众力运肘转之，日可破谷四十余斛。"

[3] 宿土：指移栽前旧有的土壤。清人汪灏《广群芳谱·竹谱四》："移竹多带宿土，勿踏以足，若换叶，勿遽（jù）拔去。"遽，急忙、急切义。

二月兰

分栽

分水仙[1]。

分紫兰。

栽素馨。

栽深水莲。（用二十日。柄长者以竹夹之，无不活。）

◎ **译文**

分栽水仙。

分栽紫兰。

种植素馨。

种植深水莲。（在五月二十日这天栽种。如果枝柄太长，就用竹子夹住，没有不活的。）

[注释]

[1] 水仙：多年生草本植物。根茎为球状，叶子细长碧绿，冬季开花，花白色，中间有个黄色酒杯状的花瓣。供观赏，鳞茎和花可入药。清人汪灏《广群芳谱》："水仙，六朝人呼为'雅蒜'。""此花外白中黄，茎干虚通如葱，本生武当山，谷间土人谓之'天葱'。"

下种

种桃。（熟时连肉种之，如正月法。核种亦可，来年芽出，和土移栽。）

种杏 [1]。（极熟杏子，连肉种粪土中。至春，择地疏栽。以后不复屡移，移多不旺。）

种梅。

种晚豆。

种香菜。

种菖蒲。

种夏菘菜 [2]。

种桑椹 [3]。（收桑椹，淘洗净，分畦种之。至冬，烧去梢，明年分开再种，一年后可移。）

◎ 译文

种植桃树。（桃子成熟时连着果肉一起栽种，和正月中的方法一样。用桃核栽种也可以，等到第二年长出树芽，带着土移栽。）

种植杏树。（用熟透的杏子，连杏肉一起种到粪土里。到了春天，选定地方后，种得要稀疏一点。今后就不再移动，移栽次数过多，杏树就长得不旺盛。）

种植梅树。

种植晚豆。

种植香菜。

种植菖蒲。

种植夏白菜。

种植桑葚。（收了桑葚，淘洗干净，分畦种植。到了冬天，烧掉树梢，第二年分开栽种，再过一年就可以移栽了。）

锦带

[注释]

　　[1] 种杏：这里记述的种杏方法，最早见于北魏贾思勰《齐民要术·种桃柰》。其直接来源则是南宋温革《分门琐碎录·种果木法》，"栽杏：杏熟时，含肉埋粪中，至春既生，则移栽实地。既移，不得更移"。同时也增加了一些新的技术措施。

　　[2] 夏菘菜：夏天长成的白菜。

　　[3] 桑椹：即桑葚，桑树的果实，味甜可食。中医亦以入药。

扦压

扦栀子。（秧田为妙，或扦阴湿处，干则浇水。）

扦金雀。（雨时扦之，旱时浇水易活。）

扦锦带。（梅雨时扦，如正月法。）

扦棣棠。（不可缺水。）

扦瑞香。（梅雨时就老根节上剪嫩枝，爽水处插，时时浇水。一云，破开梢头皮，去内梗，少许发缠紧，泥包，扦之。）

扦月季。

扦西河柳。

扦石榴 [1]。（取直枝如拇指大者，斩尺许条，烧两头，作坑插之。以枯骨、姜石 [2] 间土填之，出土一寸，水浇即活。）

扦十姊妹。（梅雨中。）

扦菊。（各色菊头剪下，其扦一盆。至秋，五色灿然可观。）

◎ 译文

扦插栀子。（最好插到庄稼地里，或者插到阴湿的地方，如果土壤太干就要浇一些水。）

扦插金雀。（下雨的时候扦插，如果天旱，就要给它浇水，容易存活。）

扦插锦带。（梅雨季节扦插，像正月中的方法那样。）

扦插棣棠。（不能缺水。）

扦插瑞香。（梅雨季节，剪去老根节上的嫩枝，插到干爽的地方，不停地浇水。另一种说法是，破开瑞香枝梢处的皮，去掉内梗，用少

许头发缠紧，再用泥土包裹好，然后扦插。）

扦插月季。

扦插西河柳。

扦插石榴。（截取拇指粗的枝条，砍下一尺多长，两头都烧一下，挖坑扦插。再用枯骨或小石头混着泥土填进去，等它长出地面一寸来长，一浇水就活。）

扦插十姊妹。（梅雨季节扦插。）

扦插菊花。（把各种菊头剪下，插在一个盆子里面。到了秋天，花色五彩斑斓，十分漂亮。）

[注释]

[1] 扦石榴：这段文字出自北魏贾思勰《齐民要术·安石榴》："三月初取枝，大如手大指者，斩令长一尺半，……置枯骨、礓石于枝间，下土筑之，一重土一重骨石，平坎止，水浇常令润泽。"

[2] 姜石："姜""礓"，同音假借。礓石，小石头。顾野王《玉篇》："礓，砾石也。"往石榴的树杈部位放置骨、石，是为了压紧树的韧皮部，阻碍有机养分向下输送，有利于多结果实。

滋培

浇茉莉、素馨^[1]。（用焊猪汤浇则肥。）

浇葡萄。（宜用米泔水，肉汁尤妙。）

浇菊。（苗长五六寸，用粪汁浇一次。焊鸡水带毛作臭浇之，则花盛。）

浇香菜。（以鱼腥水^[2]浇，或用沟泥、米泔水浇，则香而茂。不得用粪，粪则不香。）

浇建兰。（早晚无日色时，用河水浇，或用雨水。）

壅茉莉。（加土壅根。）

◎ **译文**

浇灌茉莉、素馨。（用烫猪毛的水浇灌，肥力很壮。）

浇灌葡萄。（适宜用米泔水浇灌，肉汁更好。）

浇灌菊花。（菊花苗长到五六寸的时候，用粪汁浇一次。烫过鸡的水带着里边的鸡毛，发臭后再浇，花开得尤其茂盛。）

浇灌香菜。（用杀鱼后清洗留下的腥水，或者沟泥水、米泔水浇灌，香菜就会更香而且生长茂盛。不能用粪汁，用粪汁浇灌，香菜就会没有香味。）

浇灌建兰。（早上、晚上没有阳光的时候，用河水或者雨水浇灌。）

培壅茉莉。（添土，堆壅在它的根部。）

花椒

[注释]

    [1] 浇茉莉、素馨 : 本条出自南宋温革《分门琐碎录·浇花法》:" 用焊猪汤浇茉莉、素馨花则肥。"

    [2] 鱼腥水 : 杀鱼时清洗完鱼的水，发酵后可当液肥使用。南宋吴怿《种艺必用》:"月桂花叶，常苦虫食，以鱼腥水浇之乃止。"

修整

治果树[1]。（蠹[2]出，以芫花[3]纳孔中，或百部叶亦妙，皆能杀虫。）

斫桃树[4]。（结实多则易坠，以刀斫干数下。）

嫁茄[5]。（开花时，取叶布过路，以灰围之，结子加倍，谓之"嫁茄"。）

治桃虫。（多年灯檠[6]挂梢上，则小虫如蚊者皆落。）

剪芍药。（花谢后剪去残枝败叶，勿令夺力，使元气归根。）

摘菊苗。（雨后菊长乱苗，尽摘去之，不令分力。）

捕菊虫。（初活时有小虫穿叶，寻白路去之。又，土蚕咬根，亦掘去之。又，有虫似萤，名"菊牛"，能折菊头，最宜慎之。）

建兰防蚁。（须高架擎起。）

◎ 译文

整治果树。（蠹虫出现后，把芫花塞进虫孔，或用百部叶也行，都能杀死蠹虫。）

砍桃树。（果实过多就容易掉下来，用刀轻砍几下树干，能防止桃子掉落。）

嫁茄。（茄子开花时，取一些叶子铺到路上，用灰围起来，长出的茄子就会加倍，这就是人们所说的嫁茄法。）

治桃虫。（将使用多年的灯檠挂在树梢上，诸如蚊子之类的小虫就会全部落下去。)

　　修剪芍药。(花谢以后，剪掉残枝败叶，不要让这些枝叶争夺养分、肥力，让元气回归到根上。)

　　摘菊苗。(雨后，菊花长出杂苗，必须全部摘掉，不让它们分散养分、肥力。)

　　捉菊虫。(菊花刚刚成活的时候，被小虫子咬穿叶子，顺着叶子上留下的白色痕迹，把它剪除。另外，土蚕在土里啃咬菊根，也要挖出来扔掉。此外，有一种像萤火虫的虫子，名字叫"菊牛"，能够折断菊头，最需要小心对付。)

　　建兰防治蚂蚁。(把建兰放到高高的架子上。)

[注释]

　　[1] 治果树：这里记载的果树除虫方法，出自南宋温革《分门琐碎录·治果木法》中的"果木树有蠹虫者，以芫花内孔中即除。或云，纳百部叶亦可"。

　　[2] 蠹：蛀虫。唐人孟郊《湘弦怨》诗："嘉木忌深蠹，哲人悲巧诬。"

　　[3] 芫(yuán)花：又名"鱼毒""闹鱼花""石棉皮"等。落叶小灌木，苗高二三尺，叶似柳叶，花蕾含芫花素，可供药用。《急就篇》卷四："乌喙附子椒芫华。"唐人颜师古注："芫华，一名'鱼毒'，渔者煮之以投水中，鱼则死而浮出，故以为名。"芫花和百部都有杀虫功效。

　　[4] 斫桃树：本条出自南宋温革《分门琐碎录·治果木法》中的"桃树实太繁则多坠，以刀横斫其干数下，乃止"。

　　[5] 嫁茄：这是一个迷信的说法，最早见于唐人段成式《酉阳杂俎·草篇》中的"欲其子繁，待其花时，取叶布于过路，以灰规之，人践之，子必繁也。俗谓之'嫁茄子'"。

　　[6] 灯檠(qíng)：古代照明用具。清人梁章钜《枢垣记略》："夜无灯檠，惟以铁丝灯笼作座，置灯其上，映以作字，偶紫拂，辄蜡泪污满身。"

收藏

收莺粟。

收萱花。

收红花。

收水仙根。（不犯铁器，起土收之。至九月时，用鸡粪拌土栽。）

收艾。

收大蒜。

收蚕豆。

收金银花[1]。

收益母草[2]。

收菜子。

收蓝[3]。

收萝卜子。

收苎麻[4]。

收菠菜种。

◎ 译文

收藏罂粟。

收藏萱花。

收藏红花。

收藏水仙根。（不能碰到铁器，带着土收起来。到九月的时候，栽种到拌了鸡粪的土里。）

收藏艾草。

收藏大蒜。

收藏蚕豆。

收藏金银花。

收藏益母草。

收藏菜籽。

收藏蓝菜。

收藏萝卜籽。

收藏苎麻。

收藏菠菜种子。

[注释]

[1] 金银花：忍冬的别名。多年生半常绿缠绕灌木。大多在春夏间开花，初开为白色，后转为黄色。果实圆形，茎枝均可入药。明人李时珍《本草纲目·忍冬》："花初开者，蕊瓣俱色白；经二三日，则色变黄。新旧相映，故呼'金银花'，气甚芬芳。"

[2] 益母草：一年或二年生草本植物。夏季开粉红色或紫红色花。有活血调经、行血散瘀等功效，可以治疗多种妇科疾病。又名"茺（chōng）蔚""九重楼""云母草"等。明人李时珍《本草纲目·茺蔚》："此草及子皆充盛密蔚，故名'茺蔚'。其功宜于妇人及明目益精，故有'益母''益明'之称。"

[3] 蓝：植物名。分为两大类，用来制作蓝色染料的蓼蓝、松蓝、木蓝、马蓝等，用作蔬菜的甘蓝、擘蓝、芥蓝等。从上下文看，这里指的是用作蔬菜的蓝。

[4] 苎麻：多年生宿根性草本植物。茎直，茎皮纤维坚韧，是编结、纺织、造纸的原料。根可入药。明人宋应星《天工开物·夏服》："凡苎麻无土不生。其种植有撒子、分头两法，色有青黄两样。每岁有两刈者，有三刈者，绩为当暑衣裳帷帐。"

石蒜

防忌

竹忌[1]。（栽竹时，忌用锄头打实土，犯则笋生迟。）

菊忌。（黄梅时，不宜锄松傍土，恐水伤根。凡雨后，宜用肥干土渗之。）

◎ 译文

栽种竹子禁忌。（栽种竹子时，忌讳用锄头把土壤打得太实。这样的话，竹笋就会生得比较晚。）

栽种菊花禁忌。（黄梅时节，不能用锄头松旁边的土，担心土壤进水后损伤菊根。凡是雨过以后，就应该添加肥沃的干土。）

[注释]

[1] 竹忌：栽种竹子的这条禁忌，出自南宋温革《分门琐碎录·竹杂说》中的"种竹，若用锄头打实泥，则不生笋"。

六 月

小暑 [1] 为六月节，大暑 [2] 为六月中。

◎ 译文

　　小暑是六月的节令，大暑在六月中间。

[注释]

　　[1] 小暑：传统的二十四节气之一，在阳历7月6日、7日或8日。

　　[2] 大暑：传统的二十四节气之一，在阳历7月23日或24日，一般为我国气候最热的时候。

移植

移竹。（先锄地，深三尺，宽一尺五寸，长任意。将马粪或糠和土，填一尺厚，令人踏熟，移三四竿一墩者栽之。上用河泥盖覆，无不活者。此法亦不必六月。）

◎ 译文

移栽竹子。（先锄一遍地，深三尺，宽一尺五寸，长可随意。将马粪或者糠拌和着泥土填进去大约一尺厚，让人反复踩踏成熟地。再移栽三四根在一起的竹子。上边用河泥覆盖，竹子就没有不活的。这个方法不一定仅限于六月。）

睡莲

下种

种桃。（如五月法，又见种李法。）

种杏。（如五月法，又见种李法。）

种李。（向阳处掘坑，浇粪和土，将核尖向上排定，肥土盖之。春至，芽长四五寸时，可移栽他处。桃杏亦然。）

种梅。

种腊梅。（七月更妙，法见七月。）

种各色果[1]。（须候肉烂，和核种，否则不类其种。）

种夏莴菜。

种小蒜。

种冬葱。

种早萝卜[2]。（宜沙地。）

◎ 译文

种植桃树。（和五月的方法一样，也可以参考种李的方法。）

种植杏树。（和五月的方法一样，也可以参考种李的方法。）

种植李树。（在向阳的地方挖坑，把粪浇拌到土里，把核尖向上摆好，用肥土覆盖。春天到来，芽长出四五寸的时候，就可以移栽到别的地方。桃树、杏树也是这样。）

种植梅树。

种植蜡梅。（在七月更好，方法见七月。）

种植各种果树。（必须等果肉变得烂熟时，同果核一块种下去。否则，长出来的样子不像原来的品种。）

桃花

种植夏白菜。

种植小蒜。

种植冬葱。

种植早萝卜。(适合种在沙地上。)

[注释]

　　[1] 种各色果：出自南宋温革《分门琐碎录·种果木法》中的"凡种果，须候肉烂，和核种之，否则不类其种"。

　　[2] 种早萝卜：萝卜适宜种在沙地，这一种植经验最早见于唐人韩鄂《四时纂要·种萝卜》中的"宜沙糯地。五月犁五六遍，六月六日种，锄不厌多，稠即小间拔令稀"。沙糯地，也就是松软、富含养分的沙地。

过接

接桃 [1]。（或云：柿树接桃枝则为金桃。凡接时可用。不必六月。）

接李 [2]。（或云：桃树接李枝则甘而红。亦不必六月。）

接樱桃。

接梨。

◎ 译文

嫁接桃树。（有一种说法，用柿树嫁接桃枝，就能长出金桃。凡是能够嫁接的时候都可以，不一定要在六月。）

嫁接李树。（有一种说法，把桃树嫁接到李树枝上，结出的果子又甜又红。也不一定要在六月。）

嫁接樱桃。

嫁接梨树。

［注释］

[1] 接桃：此处介绍的方法见于明人俞宗本《种树书》中的"柿树接桃枝则为金桃，李树接桃枝则为桃李"。

[2] 接李：此处介绍的方法出自南宋温革《分门琐碎录·接果木法》中的"桃树，李接枝则红而甘；李接桃枝，生子则为桃李"。

滋培

浇茉莉。（用鱼腥水浇之，初六日尤妙。）

浇牡丹。（暑中不可浇水，若天旱，用河水黑、早浇之。不可湿了枝叶。）

浇建兰。（早晚用河水、雨水，四旁浇匀，不必十分湿。）

浇菊[1]。（夏天旱，须日未出时，河水浇根、洒叶。每雨后二三日粪浇一次。）

浇甘蔗。

浇橙、橘。

壅百合[2]。（用鸡粪。）

壅菊。（加土培根。夏日最恶，宜遮蔽之。）

壅柑、橘。（夏日溉以粪壤，则其叶沃而实繁。）

翠菊

◎ 译文

浇灌茉莉。（用鱼腥水浇灌，六月初六这一天最好。）

浇灌牡丹。（太阳暴晒时不能浇水，如果天旱，用河水在早晨或夜里浇灌。不能浇到牡丹的枝叶上。）

浇建兰。（早上、晚上用河水或者雨水，在建兰四周浇匀，不需要完全浇湿。）

浇灌菊花。（夏天天旱，需要在太阳还没有出来的时候，用河水浇灌根部，喷洒在枝叶上。每次雨过以后的两三天，需要浇一次粪。）

浇灌甘蔗。

浇灌橙树、橘树。

培壅百合。（用鸡粪堆壅。）

培壅菊花。（往它的根部培土。夏天最不利于菊花生长，应该把它遮盖好。）

培壅柑树、橘树。（夏天用粪浇灌土壤，叶子就会长得很茂盛，结的果实也多。）

[注释]

[1] 浇菊：浇灌菊花需要用水，也需要用粪。南宋史铸《百菊集谱·种艺》："分种小株，宜以粪水酵土而壅之则易盛。"酵土，意思是让土壤发酵。

[2] 壅百合：出自南宋温革《分门琐碎录·浇花法》："鸡粪壅茉莉则盛，壅百合则甚孳生。"

修整

伐竹^[1]。（凡竹，过三年即宜伐去。谚云"竹不见孙"是也。）

锄竹园地。

护建兰。（炎日宜遮蔽。）

遮牡丹。（设幕遮日，勿令晒损花芽。）

斫桃干。（见五月。）

治果树。（果树生小青虫，用蜻蜓系^①挂树上，自无。）

熟瓜^[2]。（甜瓜生者，用鲞鱼^[3]骨插顶上，则蒂落而易熟。）

锄苎麻地。

捕菊虫。（此时青虫难见，叶上有如蚕沙者^②，是其粪也。宜寻^[4]去之。又有钻节虫，去之，用泥涂其节。又，蝼蚁攻根，用宿粪浇之，加好泥筑实。）

［校记］

① 原作"盻（xì）"，音同而通用，今改正。

② 原文无"者"，根据文意补正。

◎ 译文

伐竹。（凡是竹子，超过三年的就应该砍掉。也就是谚语中说的，竹子不能祖孙相见。）

锄竹园地。

防护建兰。（烈日炎炎时，应该注意遮蔽。）

遮护牡丹。（设置幕布遮挡烈日，不要让太阳晒坏花苞。）

砍桃树干。（参见五月部分。）

整治果树。（果树生了小青虫，把蜻蜓拴挂到树上，就没有虫子了。）

催熟甜瓜。（还没有完全成熟的甜瓜，用鲞鱼骨头插到它的顶上，瓜蒂就会掉下，瓜很快就熟了。）

锄苎麻地。

捕杀菊虫。（这时很难看见小青虫，叶子上有像蚕屎一样的东西，是小青虫的粪便，应该立即除灭。又有钻节虫，杀灭后，再用泥巴封涂在树节上。另外，蚂蚁攻击树根，可以用老粪浇灭，然后添加好土，夯实。）

[注释]

[1] 伐竹：一般的说法是留下长了三年的竹，超过四年的就要砍掉。如，元人张福《种艺必用补遗》："竹园留三去四。盖三年者留，四年者伐去。"

[2] 熟瓜：这是民间发明的甜瓜催熟技术。利用鱼骨插成的伤口，刺激甜瓜的呼吸，加速其成熟和软化。北宋苏轼《物类相感志·果子》："甜瓜生者，用石首鲞鱼骨插蒂上，一宿便熟，勒鲞亦可。"这段文字的直接来源则是南宋温革《分门琐碎录·果木杂说》："甜瓜生者，以鲞鱼骨插头顶上，则蒂落而易熟。"

[3] 鲞（xiǎng）鱼：即鲙（kuài）鱼，银白色，鳞片大而晶莹，肉质鲜美，古代美食向来有"南鲥北鲙"之说。

[4] 寻：随即。南朝宋人刘义庆《世说新语·言语》："孔融被收，中外惶怖，……融谓使者曰：'冀罪止于身，二儿可得全不？'儿徐进曰：'大人岂见覆巢之下，复有完卵乎？'寻亦收至。"

收藏

取竹[1]。（三伏内斫竹收之，则永不蛀。）

收牡丹子。（看花上结子将黑，取开口者，向风处晾一日，以瓦盆拌湿土收起。）

收紫苏。

斫苎麻。

◎ 译文

砍伐竹子。（三伏天伐竹并收藏起来，竹子永远不会生虫。）

收牡丹花种子。（看见牡丹花结的种子将要变黑，取出已经开了口子的，在有风的地方晾晒一天，放在瓦盆里并拌上湿土贮藏。）

收藏紫苏。

砍伐苎麻。

[注释]

[1] 取竹：出自南宋温革《分门琐碎录·竹杂说》中的"竹以三伏内及腊月中斫者，不蛀"。

防忌

防竹生花[1]。（竹久根接则生花，结实如稗[2]，谓之"竹米"。不治，则满林皆然，其竹必死。须择大者数竿，截去上梢，留三尺许，通其节，以粪实之，则止。）

防菊。（六七月，骤雨才过，赤日晒之，亟须遮护。又，虫伤根者见日即萎，夜露复起，宜掘去虫为妙。）

防建兰虫。（肥水浇则生虱。在叶底以大蒜和水，笔蘸沸洗，其虫自绝。）

◎ **译文**

预防竹子开花。（竹子的根部长时间纠缠在一起就会生花，结出的籽实像稗子一样，被称为"竹米"。如果不加整治，整个竹林都会变成这样，竹子就一定会死去。必须挑选几根大竹，截掉它的上梢，只留下三尺左右，打通它的竹节，把粪填进去，就不再开花结子了。）

防护菊花。（六七月，暴雨刚过，烈日又接着曝晒，菊花急需遮护。又，如果被虫子咬坏根部，见到太阳就会迅速枯萎，夜晚又有露水，最好挖掉虫子。）

预防建兰生虫。（用肥水浇灌容易长虱子。把大蒜掺和到水里，用毛笔蘸着在叶子底下清洗，虫子自然就没有了。）

[注释]

[1] 防竹生花：竹子开花及结子对竹林的危害及其防治方法，最早见于北宋苏轼《物类相感志·花竹》。这段文字的直接来源则是南宋温革《分门琐碎录·竹杂说》："竹有花辄稍死，花结实如稗，谓之'竹米'。一竿如此，则久之举林皆然。其治之法：初于米时，择一竿稍大者，或去近根三尺许通其节，以粪实之，则止。"

[2] 稗（bài）：即稗子，一年生草本植物，常见的田间杂草，其籽实可酿酒，亦可食用。明人徐光启《农政全书·稗子》："有二种，水稗生水田边，旱稗生田野中，今皆处处有之。苗叶似穇（cǎn）子，叶色深绿，脚叶颇带紫色，梢头出匾穗，结子如黍粒大，茶褐色，味微苦。"穇子是一种野生杂草，籽实可食，亦作为饲料。

紫荆

七 月

立秋 [1] 为七月节，处暑 [2] 为七月中。

◎ **译文**

　　立秋是七月的节令，处暑在七月中间。

[注释]

　　[1] 立秋：传统的二十四节气之一。在阳历8月7日、8日或9日，阴历七月初。

　　[2] 处暑：传统的二十四节气之一，在阳历8月23日左右。

移植

移桂。（含蕊时即可移。）

移竹[1]。（七月移竹无不活者。掘墩宜密，坑行宜疏，栽根宜浅，培土宜深，旧云疏种、密种、浅种、深种，即此。）

◎ **译文**

移植桂树。（含蕊的时候就可以移植。）

移植竹子。（七月移植竹子没有不活的。种在土墩里的竹子要密集一些，坑、行之间的距离要稀疏一些，栽种时竹根要浅一点，培壅的土要多一些。老话说的疏种、密种、浅种、深种，就是这个意思。）

[注释]

[1] 移竹：这段文字是作者根据前人的竹子栽种、移植经验总结出来的。后边的八字诀，出自南宋温革《分门琐碎录·竹》中的"禁中种竹，一二年间无不茂盛。园子云：初无他术，只有八字——疏种、密种、浅种、深种。若疏种，谓三四尺地方种一窠，欲其土虚行鞭；密种谓种得虽疏，每窠却种四五竿，欲根密；浅种谓种时入土不甚深，深种谓种得虽浅，却用河泥壅培令深"。禁中，帝王居住的宫中。

桂花

分栽

分芍药[1]。（《花谱》[2]云："分芍药，处①暑为上，八月次之，九月为下。"分时不可犯铁器。自立春至秋分，不宜摇动。须向阳处栽，根不必深，深则不旺。要疏密合宜，通风透日。）

分金茎。

[校记]

① 原文作"去"，大约是因为"去"和"处"在作者的方言中读音相同，造成了两个字的相混。今据《洛阳花木记》改正。

◎ 译文

分栽芍药。（《花谱》上说："分栽芍药，处暑的时候是最佳时机，八月次之，九月为下时。"分栽时不能触碰铁器。从立春到秋分，不要摇晃。需要种在向阳的地方，根不要太深，太深就不旺盛。应该疏密适当，种植的地方要通风向阳。）

分栽金茎。

芍药

[注释]

[1] 分芍药：这段文字的前半部分出自北宋周师厚《洛阳花木记·分芍药法》中的"分芍药，处暑为上时，八月为中时，九月为下时。取芍药须阔锄，勿令损根。取出净洗土，看窠株大小、花芽多寡，须时分之。每窠须留四芽以上。一用好细黄土和泥，采蘸花根，坐于坑中土墩上。整理根，令四向横垂，然后以细黄土培之。根不欲深，深则花不发旺"。

[2]《花谱》：指北宋周师厚的《洛阳花木记》。周师厚(1031—1087)，字敦夫。其《洛阳花木记》记述洛阳城中的名花异木，计洛阳牡丹109种，芍药41种，杂花82种，各种果子花147种，刺花37种，草花89种，水花19种，蔓花6种。还记载了当时的四时变接法、接花法、栽花法等技术，颇为详尽。收于明人陶宗仪《说郛》卷一〇四下。

下种

种腊梅子。（取种子，水中试之，沉者可种。秋间发芽放叶，浇灌得宜，四五年即花。）

种碧桃。（熟时连肉种韭菜田，极妙。来年芽出，移栽肥地。）

种莺粟 [1]。（粪地，极肥极松，下之，仍以松泥浅盖。出后，以清粪浇之，删其繁小，以稀为贵。一云，两手撒则重台。）

种水仙。（八九月为妙，法见八月。）

种姜。

种小蒜。

种葱。

种莴菜。

种萝卜。

种赤豆。

种蔓青。

种早菜。

种荞麦。

种菠菜 [2]。（过月朔 [3] 乃生。种用水浸一宿，下之。）

种芥菜 [4]。（有一种名"南京芥叶"，根扁 ① 阔，焯 [5] 食甚爽辣，种法与大根芥同。）

种胡萝卜。

种大白菜。（腌过冬者，有白根者名"箭干白" [6]，最佳。宜先粪地极肥，栽之。）

种大根芥。（此种根下有大头，如萝卜状，腌食甚美。种法：粪地极肥，疏下之，不必移栽。初出土时似恶芥，不可芟 [7] 去。）

[校记]

① 原文作"匾"。这两个字古代常常通用，今改正。

◎ 译文

种植蜡梅子。（取出蜡梅的种子放进水中试验，沉到水底的就可以用来播种。秋天发芽，长叶子。如果浇灌适宜，四五年就可以开花。）

种植碧桃。（碧桃成熟时，最好是连着果肉种到韭菜地里。第二年发芽时，移栽到肥沃的地里。）

种植罂粟。（先要用粪浇地，土地要十分肥沃、疏松，种下种子，然后用松软的泥土薄薄地盖到上边。发芽后，用清粪浇灌，去掉细小繁芜的枝叶，以稀疏为好。有一种说法，用两手撒种，能开成复瓣的花。）

种植水仙。（八九月种植最好，方法见八月。）

种植姜。

种植小蒜。

种植葱。

种植莴菜。

种植萝卜。

种植赤豆。

种植蔓菁。

种植早菜。

种植荞麦。

种植菠菜。（七月初一以后才能长出来。种子要用水浸泡一宿，然后种到地里。）

种植芥菜。（有一种芥菜叫"南京芥叶"，它的根又扁又宽，在开水里稍微过一下，吃起来又爽又辣。播种的方法与大头菜相同。）

种植胡萝卜。

种植大白菜。（腌制过冬的大白菜，有一种白根的“箭干白”，味道最好。应该先用粪把地浇到极其肥沃，然后种进去。）

种植大头菜。（这种芥菜的根下有萝卜一样的大头，腌制以后味道很好。种植的方法：用粪把地浇得极其肥沃，稀疏地播种，不必移栽到别处。刚出土时看起来像恶芥，不要把它锄掉。）

[注释]

[1] 种莺粟："两手撒则重台"只是古代一种未经实验验证的说法，出自南宋温革《分门琐碎录·种花》中的"种罂粟花，以两手重叠撒种，即开重叠花"。"罂粟""莺粟"，都是罂粟在古书中的不同写法；重叠花，即重台花，也就是复瓣的花。

[2] 种菠菜：前面的一句出自南宋温革《分门琐碎录·种菜法》中的"菠薐过月朔乃生，今月初二三间种与二十七八间种者，皆过来月初一方生，验之信然。盖菠薐国菜"。菠薐即菠菜，古代又写为"波薐""颇菜""菠棱"等。汉朝时由西域传入中国。宋人孙奕《示儿编·字说·集字二》："蔬品有颇陵者，昔人自颇陵国将其子来，因以为名，今俗乃从草而为'菠薐'。"

[3] 月朔：旧历每月的初一。

[4] 芥菜：蔬菜名。有叶用芥菜、茎用芥菜、根用芥菜三类。腌制后有特殊的鲜味和香味。种子有辣味，可榨油或制芥末。

[5] 焯（chāo）：把蔬菜等放进开水略微一煮就拿出来。宋人林洪《山家清供·紫英菊》："春采苗叶洗焯，用油略炒煮熟，下姜盐羹之。"

[6] 箭干白：白菜的品种之一，可以制作腌菜。清人汪灏《广群芳谱·白菜》："糟菜法：先将来年压过酒糟未出小酒者坛封。每一斤，盐四两，拌匀。好肥箭干白菜洗净，去叶，搭于阴处，晾干水气。每菜二斤，糟一斤，一层菜，一层糟。隔日一翻腾。"

[7] 芟（shān）：剪除、削除。北魏贾思勰《齐民要术·种竹》："正月二月中斸取西南引根并茎，芟去叶，于园内东北角种之，令坑深二尺许，覆土厚五寸。"

过接

接海棠。

接林檎。

接小春桃。

接寒球[1]。

接转身红。

接各花木[2]。（接时须令枝与木身，皮对皮，骨对骨，麻皮缠紧，用箬[3]宽裹。俟萌[4]出，彻[5]去箬叶。）

◎ 译文

嫁接海棠。

嫁接林檎。

嫁接小春桃。

嫁接寒球。

嫁接转身红。

嫁接各种花木。（嫁接的时候，要让嫁接的枝和树木本身，皮对着皮，骨对着骨，不能错位。然后用麻皮缠紧，用箬叶松松地包好。等到发芽时，撤掉箬叶。）

[注释]

[1] 寒球：柰的品种之一。北宋周师厚《洛阳花木记》的果子花部分，罗列了当时培育的10个柰品种，其中就有寒球、黄寒球。

[2] 接各花木：本条出自南宋张约斋《种花法》，原书已经失传。南宋张世南《游宦纪闻》卷六征引了其中的部分文字，"立秋后可接金林檎、川海棠、黄海棠、寒球、转身红、祝家棠梨、叶海棠、南海棠。以上接种法，并要接时将头与木身，皮对皮，骨对骨，用麻皮紧缠，上用箬叶宽覆之，如萌茁，稍长即撤去箬叶，无有不成也"。转身红、寒球，都是当时比较出名的花卉品种；萌茁的意思是草木发芽。

[3] 箬（ruò）：即箬竹，它的叶子、笋皮都与芦荻相似。这里指箬竹的宽大叶片，常常用来包东西，也可以用于编织。明人张源《茶录》："造茶始干，先盛旧盒中，外以纸封口。过三日，俟其性复，复以微火焙极干，待冷贮坛中。轻轻筑实，以箬衬紧。"

[4] 萌：草木发芽。明人刘基《悦茂堂诗序》："于是乎春而萌，夏而叶，秋而华。"

[5] 彻：撤除。宋人陆游《晚秋农家》诗："彻警盗所窥，失旦固吾患。"

滋培

　　浇桂。（在阴地者可浇清粪，和水三分之二，在阳地者减粪添水。）

　　浇菊。（蕊大如豆时，连浇粪水二次。）

　　浇建兰。（每三日浇水一次。恐有蚯蚓，人溺和肥水浇之。）

　　壅百合。（以鸡粪壅之则茂。）

　　壅菊。（花蕊太多，须删去。用鸡粪壅根，则花开肥大。）

◎ **译文**

　　浇灌桂树。（长在阴暗地方的桂树，用清粪浇灌，兑上三分之二的水。向阳地方的桂树，减少清粪增加水。）

　　浇灌菊花。（花蕊像豆大的时候，连着浇两次粪水。）

　　浇灌建兰。（每三次填浇一次。如果担心有蚯蚓，用人尿拌着肥水浇灌。）

　　培壅百合。（用鸡粪培壅，百合就会茂盛。）

　　培壅菊花。（如果花蕊过多，就要去掉一些。用鸡粪培壅，花朵开得又肥又大。）

修整

合二色菊 [1]。（或云取黄白菊，各披 [2] 去半边皮，用麻扎合，其花半黄半白。未试，不知果否。）

治果树 [3]。（以生人发挂树上，则鸟不敢食果。）

治林禽。（如生毛虫 [4]，以鱼腥水泼根，则止。或活埋蚕蛾子根下，亦好。）

浸水仙根 [5]。（或云：未栽时，先用人溺浸一月，取栽之，则花盛。）

芟菊蕊。（每头三四朵，只留中一大者，余俱摘去。小枝亦宜芟之。）

治菊。（菊头若笼 [6]，以米泔水沃之，复盛。）

◎ 译文

培育两种颜色的菊花。（有一种说法：取白、黄两种颜色的菊花，分别剥去半边表皮，用麻捆扎到一起，开出的花就是一半黄色一半白色。我没有试过，不知道是不是真的。）

整治果树。（把活人的头发挂在树上，那么鸟就不敢吃食果子。）

整治林檎。（林檎如果生了毛虫，将鱼腥水泼洒在根部，就不会再有了。或者在树根下埋进活的蚕蛾子，也能治好。）

浸泡水仙根。（有一种说法：还没有种植的时候，先用人尿浸泡一个月，然后取出来栽种，开的花就会很旺盛。）

　　剪去菊蕊。（每个枝头如果有三四朵，只留下其中最大的一朵，其他的全部摘掉。小的枝条也要剪掉。）

　　治理菊花。（菊头如果因虫害而萎缩，用米泔水浇洒，会重新盛开。）

[注释]

　　[1] 合二色菊：用两种颜色的菊花嫁接出新的菊花品种，这一技术在南宋已经较为普遍。宋人史铸《百菊集谱》："黄白二菊各披去一边皮，用麻皮扎合，其开花则半黄半白。"

　　[2] 披：用刀子劈开、划开。南宋吴怿《种艺必用》："栗采实时，要得批残其枝，明年益茂。"

　　[3] 治果树：这个驱赶鸟雀的方法，出自南宋温革《分门琐碎录·治果木法》中的"生人发挂果树，鸟不敢食其实"。

　　[4] 毛虫：春夏时节出现的树木虫害。明人王肯堂《证治准绳·损伤门》："春夏月，树下墙堑间有一等杂色毛虫，极毒。凡人触着者则放毛入人手足上，自皮至肉，自肉至骨。其初，皮肉微痒，以渐至痛。经数日，痒在外而痛在内，用手抓搔，或痒或痛，必致骨肉皆烂，有性命之忧。"

　　[5] 浸水仙根：出自南宋温革《分门琐碎录·种花》中的"水仙收时用小便浸一宿，取出晒干，悬之当火处，候种时取出，无不发花者"。

　　[6] 笼：指由害虫啃食根茎而引起的茎叶萎缩现象。北魏贾思勰《齐民要术·种瓜》："治瓜笼法：旦起，露未解，以杖举瓜蔓，散灰于根下。后一两日，复以土培其根，则迥无虫矣。"

收藏

收椒。
收紫苏。
收芙蓉叶。

◎ 译文

收藏花椒。
收藏紫苏。
收藏芙蓉叶。

防忌

忌砍果树小枝。(秋间伤树，气泄，来年花少。过盛者
或无碍。)

◎ **译文**

忌讳砍果树的小枝。(秋天砍枝，会伤害树木，使树木的元气泄漏，
第二年花开得少。长势过于旺盛的果树，砍掉枝条可能没有什么妨碍。)

八 月

白露^[1]为八月节，秋分^[2]为八月中。

◎ **译文**

    白露是八月的节令，秋分在八月中间。

[注释]

    [1]白露：传统的二十四节气之一。在阳历9月8日前后。

    [2]秋分：传统的二十四节气之一，每年在阳历9月23日或24日。这一天，南北半球昼夜等长。

移植

移牡丹。（宜在社前移之，或秋分后两三日。须栽向阳宽敞之地为妙。其性宜寒恶热，宜燥恶湿，根喜新土则旺，畏烈风炎日。）

移枇杷。

移丁香[1]。

移桂。（含蕊时移栽，灌以猪粪则茂，蚕沙壅之亦可。此花性喜阴，不宜浓粪，带雨栽尤妙。）

移木香。（移大者，须多去老枝。栽后，时浇水则活。）

移早梅。（如二月法。）

移芍药。

移橙、橘。

移枸杞。

移竹。

◎ **译文**

移植牡丹。[适合在社日（立秋后第五个戊日）以前移栽，或者秋分后两三天。应该种植在向阳且宽敞的地方。牡丹天性喜欢寒冷而不喜欢炎热，喜欢干燥而不喜欢潮湿。它的根喜欢新土，这样种植就会长得旺盛。害怕大风和烈日。]

移栽枇杷。

移植丁香。

移栽桂树。（含蕊的时候移栽，用猪粪浇灌就会茂盛，用蚕屎培壅也可以。这种花生性喜欢阴凉，不适合用浓粪浇灌。最好在雨天栽种。）

丁香

移植木香。（如果移植的是大株的丁香，需要多剪一些老枝。栽种后，不断地浇水就成活了。）

移植早梅。（与二月的方法相同。）

移植芍药。

移植橙树、橘树。

移植枸杞。

移植竹子。

[注释]

[1] 丁香：落叶灌木或小乔木。叶子卵圆形，花紫色或白色，春季开花，有香味，果实略扁。北宋陈敬《陈氏香谱·丁香》："树高丈余，凌冬不凋，叶似栎而花圆细，色黄，子如丁，长四五分，紫色。""丁香，一名'丁子香'，以其形似丁子也。鸡舌香，丁香之大者，今所谓'丁香母'是也。"

分栽

分芍药。（起根去上，以竹刀[1]剖开，勿伤细根。先以猪粪、砻糠和黑泥入盆，分根栽种，稀布①之，更浇以人粪，来春花发极盛。须三年一分。俱以八月为候。）

分百合。（一年一起，肥土排之，春发如故。鸡粪拌土亦妙。或取大者供食亦可。）

分山丹。（根下小秧未成花者，鸡粪和土稀布之，次年即花。）

分海棠。

分木笔。（一名"紫玉兰"，一名"望春"。）

分玫瑰。（久则根结不旺，须三年一分之。根下小枝不宜久留。）

分石菊。

分牡丹。（全墩掘起，看可分处剖开，两边俱要有根。用小麦一握[2]拌土栽之，则花茂。一云：栽时须直其根，屈之则死。深其坑，以竹虚插，培土后拔之。此种法宜知。）

分番山丹。（九月亦可。）

分金茎。（剖根分之，易活。）

分兰。（分根时用手擘之。若不开，以竹刀拨松根土②，不可伤根。一云：至九月方可分。）

栽大白菜。（先将粪做泥熟，然后选秧之老劲者，疏栽之，旱则浇水。活后数日，以粪水浇根。）

[校记]

①"稀"字后面，原本另有"人"字，语意不通，今删。

②原文为"上"，语意不通，今改正。

◎ 译文

分栽芍药。（起根的时候，把上面的根用竹刀劈开，不要伤到细小的根须。先用猪粪、砻糠拌着黑泥放进盆子，然后分根种植。种得要稀疏一些，再浇上人粪，第二年春天花开得十分旺盛。需要三年分栽一次。都以八月为节候。）

分栽百合。（每年起土一次，排放到肥土中。春天的时候，开出的花和分栽之前一样。最好把鸡粪拌到土里。也可以挑选大的植株供食用。）

分栽山丹。（根下的小秧还没有开花的，用鸡粪拌着泥土，稀疏地铺好，第二年就开花。）

分栽海棠。

分栽木笔。（也叫"紫玉兰"，又叫"望春"。）

分栽玫瑰。（种植太久那么它的根就结块，生长不会兴旺，须三年就分栽一次，根下小的枝蔓不适宜长久保留。）

分栽石菊。

分栽牡丹。（把整堆牡丹挖出来，看到能够分开的地方就把它剖开，剖开后的两边都必须有根。拿一把小麦拌着土栽种，花就会很茂盛。有一种说法：栽种时必须让根直立，如果根弯了，牡丹就会死掉。为了不让根须弯曲，坑要挖得深一些，将竹条先虚插进去，等到把土填到坑里后，再把竹条拔出来。这种方法应该知道。）

分栽番山丹。（九月分栽也行。）

分栽金茎。（把连在一起的根分开栽种，容易成活。）

分栽兰花。（分根的时候，用手掰开纠缠着的根。如果用手分不开，就用竹刀拨松根部的土壤，注意不要伤到根。还有一种说法是，到了九

茶

月才能分栽。)

种植大白菜。(先把粪加到土里，变成熟地，然后挑选老而有劲的秧子，稀疏地种下，天旱就浇水。成活后的几天里，用粪水浇灌根部。)

[注释]

[1] 竹刀：竹制的刀。此处用竹刀剖分，能够避免损伤小根。按照古人的经验，许多花木忌讳触碰铁器，因此，竹刀在花木种植过程中有不少用处。唐人段成式《酉阳杂俎·木篇》："祁连山上有仙树实，行旅得之止饥渴，一名四味木，其实如枣，以竹刀剖则甘，铁刀剖则苦。"

[2] 握：量词，相当于今天的"把"。明人宋濂、王祎《元史·世祖纪》："洞蛮请岁进马五十匹，雨毡五十被，刀五十握。"

下种

种水仙[1]。（用猪粪拌土植之，以后不可缺水。起[2]种时犯铁器，则永不成花。）

种芍药。

种莺粟[3]。（中秋日种之为妙。土宜大肥，则成千叶。种时，以墨涂其子，可免虫食。种后，仍以毛灰盖之，亦防虫食也。余法尽如七月。）

种虞美人。（一名"丽春"，一名"满园春"。净地松土种之，如莺粟法。一云先筑实下土，上用松土，种则雨不能陷。）

种牡丹。（花后，种子落地，至春发芽，是子活矣。六月昼则遮日，夜则受露。二三年后，仍俟八月，移栽别地。）

种蜀葵[4]。（锄地下之，春芟其繁。）

种锦葵。（如蜀葵法。）

种诸葛菜。

种红花。

种寒豆[5]。

种生菜。

种苎麻。

种白菜。

种菠菜。

种葱、韭子。

蜀葵

◎ 译文

种植水仙。（用猪粪拌着土种植，种下以后不能缺水。开始种的时候，忌讳碰到铁器，否则永远不会开花。）

种植芍药。

种植婴粟。（中秋那天是种植的最佳时机。土壤如果十分肥沃，就能开出千叶婴粟。种的时候，用墨水涂抹种子，就可以不招虫子啃吃。种完之后，用毛灰盖好，也是为了防止虫食。其他方法完全和七月的种法一样。）

种植虞美人。（又叫"丽春"，也叫"满园春"。在干净而且疏松的土壤里种植，如同种植婴粟的方法。有一个说法是，播种前先筑实深层的土，表层再盖上松软的土，种子就算碰到了大雨也不会沉下去。）

种植牡丹。（花开后，种子落到地上，到了春天发芽，这颗种子就活了。六月，白天要注意遮住阳光，晚上去吸收露水，两三年后还是等到八月再移栽到别的地方。）

种植蜀葵。（锄过地，再播种，春天要砍去多余的枝叶。）

种植锦葵。（如同种植蜀葵的方法。）

种植诸葛菜。

种植红花。

种植寒豆。

种植生菜。

种植苴麻。

种植白菜。

种植菠菜。

种植葱、韭菜。

[注释]

[1] 种水仙：水仙必须种在肥沃的土里，并且不能缺水。见南宋温革《分门琐碎录·种花》："种水仙花，须是沃壤，日以水浇则花盛，地瘦则无花。其名水仙，不可缺水。"

[2] 起种：起，开始，开端。宋人姜夔《续书谱·草》："又一字之体，率有多变，有起有应，如此起者当如此应，各有义理。"

[3] 种莺粟：罂粟种植的最佳时机，最早见于南宋温革《分门琐碎录·种花》中的"种罂粟花，九月九日以竹扫帚或苕帚撒，结罂必大，子必满。又云：中秋夜种则子满罂"。

[4] 蜀葵：两年生草本植物，原产于四川，因而得名。茎杆直立，花有红、紫、黄、白等色。明人王路《花史左编·蜀葵》："又名'戎葵'，出自西蜀。""色有红、紫、白、墨紫、深浅、桃红、茄紫、杂色相间，花形有千瓣，有五心，有重台，有剪绒，有细瓣，有锯口，有圆瓣，有五瓣，有重瓣种种，莫可名状。"

[5] 寒豆：豌豆的别名。清人厉荃《事物异名录·豆》："寒豆，《食物本草》：豌豆即寒豆也。"也可以指蚕豆，清人姜宸英《湛园札记》卷三："吾乡以吴人蚕豆为豌豆，而以吴人所谓寒豆者谓之蚕豆，至今犹然。"

过接

接牡丹。（芍药根大如萝卜者，择好牡丹芽三寸许，削尖如凿子形[1]。将芍药根上开缝、插下，肥泥筑实，培过二三寸即活。单瓣根接好者，去根二寸许利刀斜削一半，以好枝亦削，合好，麻扎，泥水涂之，仍以瓦合，填泥。待春发，去瓦，草席护之，有花。）

接海棠。（如春二月法。）

接绿萼梅[2]。（此梅之上品也，用单梅根接之，如二月法。）

接小春桃。

接矮花果。

◎ 译文

嫁接牡丹。（挑选根部像萝卜那样大的芍药，再选一根上好的牡丹小枝，长约三寸，削成凿子的形状。在芍药的根上划一道小缝，将削尖后的牡丹枝插进去，埋到肥土中，压紧，土超过牡丹枝的两三寸就能成活。如果用单瓣根接好的，在距离根部大约两寸的地方，用锋利的刀子斜着削一半，选好的枝干也这样斜削，然后把它们合到一起，用麻捆扎好，涂上泥水，再用瓦片固定起来，填上泥土，等到春天发芽就去掉瓦片，换成草席保护它，就能开花。）

嫁接海棠。（如同二月的方法。）

嫁接绿萼梅。（绿萼梅是梅花中的上品，用单梅根嫁接，如同二月中的方法。）

嫁接小春桃。

嫁接矮花果。

楮树果实

[注释]

[1] 凿子形：凿子是挖槽或打孔用的长条形工具，前端有刃，使用时用重物砸后端。这里是说把牡丹芽的一头削得略尖一些。

[2] 绿萼梅：梅花的优良品种之一。南宋范成大《范村梅谱·绿萼梅》："凡梅花，跗蒂皆绛紫色，惟此纯绿，枝梗亦青，特为清高。""人间亦不多有，为时所贵重，吴下又有一种，萼亦微绿，四边犹浅绛，亦自难得。"

扦压

扦锦带。（剪五寸长枝，扦松土中，日浇清粪水二十余日，即发。）

扦蔷薇。（剪当年枝为五寸段，扦肥阴地，筑实其旁，勿令伤根。土上止留寸许，带雨扦更妙。蔷薇各种，俱用此法。）

◎ 译文

扦插锦带。（剪五寸长的枝条，插进松软的土壤中，每日浇清粪水，连续浇二十多天，就能发芽。）

扦插蔷薇。（把当年长出的枝条剪成五寸长的小段，插入肥沃背阴的地方，压实旁边的土，这一过程中注意不要伤到根。地面上大约只露出一寸，雨天扦插更好。各种蔷薇的扦插，都用这种方法。）

滋培

浇花草。（宜肥。）

浇花树。（不宜肥。虽白水，亦不必多浇。）

浇牡丹。（五日浇一次。浇须绝早，以久积雨水为妙，最宜猪粪。）

浇芍药。（亦宜猪粪。）

浇瑞香。（宜猪粪。）

浇月桂[1]。（叶为虫食者，以鱼腥水浇之则止。不拘时，常浇。亦宜猪粪。）

浇菊。（如七月法。）

浇建兰。（宜用洗鱼肉水或秽腐水浇①之。）

壅竹。（用大麦糠或稻穗，添河泥。）

壅牡丹。（如九月法。）

壅芍药。（栽后，以鸡粪和土培之。仍浇以黄酒一度。）

[校记]

① 原文作"洗"。这里记述浇灌事宜，用肥水、脏水洗建兰有违情理，今改正。

◎ 译文

浇灌花草。（适合用肥水。）

浇灌花树。（不适宜用肥水。就算是白水，也不用多浇。）

浇灌牡丹。（五天浇一次。浇水时要在一大早，最好用积攒很久的雨水浇灌，用猪粪浇灌更好。）

浇灌芍药。（也适合用猪粪。）

浇灌瑞香。（适合用猪粪。）

浇灌月桂。（叶子遭到虫子啃食，用鱼腥水浇树，虫害就会停止。不限特定的时间，经常浇灌，也适合用猪粪。）

浇灌菊花。（如同七月的方法。）

浇灌建兰。（适宜用洗过鱼肉的水或者腐熟的肥水来浇。）

培壅竹子。（用大麦糠或者稻穗，再添加河泥。）

培壅牡丹。（如同九月的方法。）

培壅芍药。（芍药种好后，用鸡粪拌土培壅，再用黄酒浇一道。）

[注释]

[1] 浇月桂：用鱼腥水灭除月桂虫害的方法，出自南宋温革《分门琐碎录·浇花法》中的"月桂花叶，常苦虫食，以鱼腥水浇之乃止"。

修整

修牡丹。（每枝留三四根，余者修去。）

修芍药。（去其旧梗。）

菊加土。（菊喜新土，每雨后以干土渐加之。）

兰换盆。

茉莉入窖。（朝南暖屋，掘浅坑埋盆。平口上用篾 [1] 笼罩定，以泥封之，不使通风。）

遮水仙。（此时须护风霜。）

斫筱竹 [2]。（上年所栽新竹，根下生丛条，至次年八月方可斫去。）

锄竹园地。

染芙蓉 [3]。（以霜水和色浸纸，隔日置将开朵上，五色皆可染。）

◎ 译文

修剪牡丹。（每枝上留下三四根，多余的剪掉。）

修剪芍药。（剪去旧梗。）

菊花加土。（菊花喜欢新土，每次雨后，逐渐添加干燥的新土。）

兰花换盆。

茉莉搬进地窖。（在朝南的暖屋里，挖出浅坑，把花盆埋进去。在与花盆口相平的地方，用篾席罩住，用泥土封好，不让它通风。）

遮护水仙。（这个时候必须防备风霜。）

砍筱竹。（上一年种下的竹子，根下长出了丛生的枝条，要到第二年八月才可以砍掉。）

洋水仙

锄竹园地。

浸染芙蓉。（用霜水拌着染料泡纸，第三天把染好颜色的纸放到快开的花朵上，各种颜色都可以染。）

[注释]

[1] 篾：薄竹片。清人屈大均《广东新语》："登山寻其庵。一樵夫持一竹篾授之。随即不见。"

[2] 筱（xiǎo）竹：竹子品名，竿细而短。晋人戴凯之《竹谱》描述了它的特点："逾矢称大，出寻为长。"这种竹子，比箭杆粗就算大的，超过一寻就算高的。一寻相当于七八尺长。

[3] 染芙蓉：出自宋代佚名《调燮类编·花竹》中的"芙蓉将放时，如欲染色，隔夜以靛刷纸，蘸花房上，仍裹其尖，花开浅碧。五色皆可染也"。

防忌

果树忌。（忌砍小枝，恐气泄则花少。）

牡丹忌[1]。（忌麝香[2]，桐油，漆气。忌荑[3]长夺气。忌四旁踏实。忌开时即折。忌栽木斛①中。以上俱不拘时。）

[校记]

① 原作"檞（jiě）"，是古书上说的一种松树。今据文义改为"斛"。

◎ 译文

果树禁忌。（不能砍小的枝蔓，害怕泄露元气，开花变少。）

牡丹禁忌。（忌讳碰到麝香、桐油、漆气。忌讳生长时间太长消耗元气，忌讳根部周围的土被踩踏得太实。忌开花时树枝被折断。忌讳种在木斛中。这些禁忌都不受时间限制。）

[注释]

[1] 牡丹忌 : 古人认为,包括牡丹在内的许多花木,如果接触到麝香就不再开花结果。宋人温革《分门琐碎录·种花》:"凡种好花木,其傍须种葱、薤之类,庶避麝香之触也。"明人俞宗本《种树书·果》:"果见麝香熏,则花不结子。"元人张福《种艺必用补遗》:"花中忌麝,瓜尤忌之。郑注赴河中,姬妾百余骑,自京兆至河中,所过瓜园,一蒂不获。"也不能碰到桐油,南宋吴怿《种艺必用》:"莲荷极畏桐油,就池以手掏去叶中间心,滴数点桐油入其中,虽顷,莲荷亦死。"

[2] 麝香 : 雄性香獐脐部香腺中的分泌物,干燥后呈颗粒状或块状,有特殊的香气,可制香料,亦可入药。

[3] 芪(mín) : 形容庄稼生长期较长,成熟得晚。清人蒲松龄《日用俗字·庄农章》:"芪麦打完才上囤,稙谷秀齐已坠圈。"

杏花

九 月

寒露^[1]为九月节，霜降^[2]为九月中。

◎ 译文

　　寒露是九月的节令，霜降在九月中间。

[注释]

　　[1] 寒露：传统的二十四节气之一，在阳历10月8日或9日。

　　[2] 霜降：传统的二十四节气之一，在阳历10月23日或24日。这时中国黄河流域一般出现初霜，大部分地区多忙于播种三麦等作物。

茶梅

移植

移腊梅。

移山茶。

移牡丹。（如八月法。又云，移时勿伤细根。每本用白敛[1]细末一斤，又云用硫黄脚末[2]二两，猪脂[3]六两，拌土壅根，不可筑实、太高。）

移枇杷。

移杨梅。

移建兰。（花盆底有眼，恐蚯蚓延入。先用粗碗罩之，次铺麸炭[4]一层，然后用肥泥栽之，不可用手捺实。）

移杂果木。

移桃。

◎ **译文**

移植蜡梅。

移栽山茶。

移植牡丹。（如同八月中的方法。还有一种说法，移种时不要伤到细小的根部。每一株用白敛细末一斤，有人也说用硫黄的脚末二两，猪油六两，拌着泥土，堆壅到根上，不要筑压得太实，也不能堆壅得太高。）

移栽枇杷。

移植杨梅。

移植建兰。（花盆底下有洞眼，可能会有蚯蚓钻进去。可以先用粗碗罩住，再铺上一层木炭，然后栽种到肥沃的泥土中。不要用手按实建兰周围的土。）

移植各种果树。

移植桃树。

[**注释**]

[1] 白敛：葡萄科植物，叶子圆阔，夏季开黄绿色小花，块根干燥后可以入药。又名"山地瓜""山葡萄秧""五爪藤"等。这里指它的块根。

[2] 硫黄脚末：硫黄，旧称"硫磺"，中药名。有两种，一是山石间出产的石硫黄，其纯黄色者可入药，杂色者一般不入药；二是含硫物质风化后堆积而成的土硫黄，杂有黏土质及铁矾等，只能作外用药。脚末，这里指硫黄的边脚余料。

[3] 猪脂：猪油。

[4] 麸炭：即木炭。宋人陆游《老学庵笔记》卷六："浮炭者，谓投之水中而浮，今人谓之麸炭。"清人顾张思《土风录》卷四："树柴炭曰麸炭。"

分栽

　　分牡丹。（如八月法。宜上旬栽菜园中，极茂。宜沙土。栽时须直其根，屈之则萎。）

　　分芍药。（如八月法。宜上旬栽菜园中为妙。三年不分，则花小而多病。）

　　分水仙。

　　分紫罗兰[①]。（剖根分栽，易活。）

　　分建兰。（九月击破旧盆，细心拆开交根，取出积年旧芦，每三莨作一盆。先以沙土填之，栽后用细沙覆之，以新水一勺定其根。其沙要淤泥，拌肥晒干，筛过备用。）

　　分番山丹。（每年分一次。）

[校记]

　　① 该处原文"襕"，据文意改正为"兰"。

紫藤

◎ 译文

分栽牡丹。（方法与八月的相同。应该在上旬分栽到菜园中，就会长得极其茂盛。最好种到沙土中。种植的时候，必须使它的根直立着。根如果弯曲，牡丹就会枯萎。）

分栽芍药。（方法如同八月。最好在上旬种进菜园中。三年内如果不分栽，它的花朵就会变小，而且多病。）

分栽水仙。

分栽紫罗兰。（剖开根分栽，容易成活。）

分栽建兰。（九月，打破旧花盆，仔细地拆开纠缠着的根须，取出陈年的旧芦苇，每三株分栽到一盆中。先把沙土填进去，栽好以后再用细沙覆盖，然后浇一勺新水，把它的根固定住。要用淤泥形成的沙，拌好肥料后晒干，筛出细沙备用。）

分栽番山丹。（每年分栽一次。）

下种

种秋海棠。（取枝上黑子，撒松土中，置背阴处。明春发，当年即花。不可用手拈子，恐暖气侵之则不生。收子时用木箸取之。又一种，色纯白，更娇艳，种法与此一样。又一种，叶背无红筋，其花有香，最佳。）

种蜀葵。（肥土，善培之，最盛，高可丈余。种类甚多。）

种钱葵。（即锦葵，种如蜀葵法。）

种莺粟[1]。（九月九日种之，花必大，子必满。宜粪灰下之，如八月法。）

种牡丹。（种宜八月。恐天气尚暖，则此月可。将六月所收子，水试之，沉者开畦种下，约三寸一子，来年自长。）

种地黄[2]。

种椒。

种茱萸[3]。

种蚕豆。

种芥菜。

种蒜。

◎ 译文

种植秋海棠。（取枝上的黑子，撒种到松软的土里，放在背阴的地方。第二年春天发芽，当年就可以开花。不能用手拿海棠子，担心手上的暖气侵入种子后影响它的生长。收取种子时，用木筷子去拿。有一种秋海棠，花色纯白，花朵娇艳，种植方法与这种海棠相同。还有一种秋海棠，叶子的背面没有红筋，花朵有香味，是最好的品种。）

　　种植蜀葵。（用肥沃的土壤，精心养护，长得最旺盛，可以长到一丈多高。蜀葵的种类很多。）

　　种植钱葵。（即锦葵，方法与种蜀葵一样。）

　　种植罂粟。（九月九日栽种，开出的花必定很大，果实必定饱满。应该拌着粪灰栽种，方法与八月相同。）

　　种牡丹。（应该在八月种植。如果八月天气比较暖和，也可以等到九月种植。取出六月收藏的种子，放到水里试验，沉下去的就可以种入田畦，大约三寸的间隔种下一颗种子，第二年自然会长出来。）

　　种植地黄。

　　种植花椒。

　　种植茱萸。

　　种植蚕豆。

　　种植芥菜。

　　种植大蒜。

[注释]

　　[1] 种罂粟：见于南宋吴怿《种艺必用》中的"种罂粟花，九月九日以竹扫帚或芒扫帚撒，结罂必大，子必满。又云，中秋夜种则子满罂"。

　　[2] 地黄：多年生草本植物，其根可染黄色，也可以供药用。古代又称"芐（hù）""芑""地髓"等。南宋罗愿《尔雅翼·芐》："芐者，今之地黄。""生者以水试之，浮者名'天黄'，半沉半浮名'人黄'，沉者名'地黄'，以沉者为良。"

　　[3] 茱萸：落叶灌木或小乔木。果实红色，气味辛香，有食茱萸、山茱萸、吴茱萸等品种。食茱萸的果实主要供食用，山茱萸、吴茱萸主要供药用。古代习俗，九月九日重阳节佩戴茱萸可以祛邪去病。

滋培

浇牡丹。（新栽者用雨水或河水浇之满台。次日，土凹下，又浇一次，填细泥一层。初种不可太密，浇旧根，如八月法。）

浇菊。（花将放时，浇粪水一二次则花大。）

雍牡丹。（好土雍之，比根高二寸，须二年培一次。）

◎ 译文

浇灌牡丹。（刚栽的牡丹，用雨水或者河水浇满。第二天，土壤下陷，再浇一次，并填入一层细泥。最初种的时候，不能过于密集，浇老根。方法如同八月。）

浇灌菊花。（快要开花的时候，浇一两次粪水，开出的花就会变大。）

培雍牡丹。（用上好的土培雍，比花根高两寸，两年必须培雍一次。）

万寿菊

修整

包美人蕉[1]。（霜降时用草缠包，勿令霜雪入之，来年盛。一法：平土割去，以土①覆之。盖此物冻则伤根。）

护橙、橘、香橼。（以草护之，则结子多。）

护各果树。（如上法。）

收茉莉。（移盆向南窗下，日中十分燥，以水微润之。）

护朱蕉。（经霜即萎，宜早遮护。盆栽者可移入南檐下。）

染菊。（收霜水埋土中，到菊将开时，用白鹅毛浸霜水，五色调和，滴蕊上，自然变成五色。）

建兰入檐②。（宜早防霜，移向南窗下为妙。）

[校记]

① 该处原文误抄作"上"，今根据文意改为"土"。

② 原文作"簷"。"簷""檐"二字在古书中通用，下文均改为通行的"檐"字。

◎ 译文

包裹美人蕉。（霜降时用草缠绕包裹，不要让霜雪侵入，来年会开得旺盛。另一种方法是，和土面相平割去，用土盖好。这大概是因为美人蕉一旦受冻，就容易伤到根。）

防护橙树、橘树、香橼。（用草护好，就能多结果实。）

美人蕉

防护各种果树。（都用上面的方法。）

收藏茉莉。（把花盆移到朝南的窗户下面，中午十分干燥，用水稍稍把它打湿。）

保护朱蕉。（朱蕉见霜就枯萎，应该早早地遮护起来。盆栽的朱蕉可以搬到南边的屋檐下。）

洗芍药根。（把根露出来清洗，去掉腐烂变黑的老根，换上新土。种到肥沃的土壤里。）

染菊。（收集霜水埋进土里，到菊花将要开放的时候，用白鹅毛浸蘸霜水，调好各种颜色，滴到花蕊上，花朵自然就会变得五颜六色。）

把建兰收到屋檐下。（应该及早地防止霜打，最好搬到朝南的窗户下边。）

[注释]

[1] 美人蕉：多年生草本观赏性植物，叶子阔长柔软，花红黄两色，多分布于热带和亚热带地区。明人高濂《遵生八笺·红蕉花二种》："种自东粤来者，名'美人蕉'，其花开若莲而色红若丹。中心一朵，晓生甘露，其甜如蜜。"

收藏

藏矮黄菜。

收各色果[1]。（凡果太熟后摘，则抽过筋脉，来年不盛。）

收百合。（可食者任意取起供食。小者以肥土排之，春发如故。不收亦可。）

收秋葵种。

收鸡冠、雁来红等种。

◎ 译文

收藏矮黄菜。

收藏各色果实。（凡是果实，熟透后采摘，就抽掉了树木的筋脉，第二年果实会不旺盛。）

收藏百合。（可以食用的，任意挖出来食用。比较小的百合，成排地种到肥土中，第二年春天就会正常生长。不收也可以。）

收藏秋葵种子。

收藏鸡冠花、雁来红等花卉的种子。

[注释]

[1] 收各色果：出自南宋温革《分门琐碎录·果木忌》中的"凡果木，未全熟时摘。若熟，即抽过筋脉，来岁必不盛"。宋代以后的农书大多沿袭这一说法，但是，在全熟或没有全熟时采摘果实，是否影响以及多大程度上影响第二年的坐果率，并没有确凿的证据。

防忌

防建兰虫。（如生虫，以鸡油洒叶治之。）

◎ **译文**

防治建兰生虫。（如果生了虫，把鸡油洒在叶子上就能治好。）

扶桑

十月

立冬[1]为十月节,小雪[2]为十月中。

◎ 译文

立冬是十月的节令,小雪在十月中旬。

[注释]

[1] 立冬 : 传统的二十四节气之一。在阳历11月7日或8日,农历十月初。习惯上认为这一天是冬天的开始。

[2] 小雪 : 传统的二十四节气之一,在阳历11月22日或23日。

移植

　　移柑。

　　移橘。

　　移蜀葵。（带土移则不僵。）

　　移梧桐。（宜向阳。先坎 [1] 其地而粪之，择一二年者栽著，又以粪覆之，至春则枝干青翠。春移不妙。）

◎ **译文**

　　移植柑树。

　　移植橘树。

　　移植蜀葵。（带土移栽，蜀葵就不会僵硬。）

　　移植梧桐。（适合向阳的地方。先在地里挖坑，把粪浇进去，挑选长了一两年的梧桐栽种。将粪盖在上边。到了春天，就会枝干青翠。春天移栽，不好。）

[注释]

　　[1] 坎：挖坑，也指挖出的坑。宋人温革《分门琐碎录·谷》："北人说山东多蟹，田家特苦之，预于田间多凿坎，聚土其侧，四面追逐，入坎即瘗（yì）之，常以是无年。"瘗，掩埋。无年，没有收成。

分栽

分荼蘼。

分棣棠。

分牡丹。

分芍药。

分腊梅。（根下自出小枝，分栽易活。凡接者，根下不可令长小枝，久留则上接好花必萎，宜速去为妙。）

分蔷薇。

分宝相[1]。

分木香。

分海棠。

分锦带。

分萱花。

◎ 译文

分栽荼蘼。

分栽棣棠。

分栽牡丹。

分栽芍药。

分栽蜡梅。（根下自己长出的小枝，分栽以后容易存活。凡是用来嫁接的蜡梅，根部不能有小枝生长，如果小枝保留的时间过长，嫁接到上面的好花一定会枯萎，应该及时剪掉为妙。）

分栽蔷薇。

分栽宝相。

荻

分栽木香。

分栽海棠。

分栽锦带。

分栽萱花。

[注释]

[1] 宝相：蔷薇的一个品种。清人汪灏《广群芳谱》："蔷薇，一名'刺红'，……他如宝相、金钵盂、佛见笑、七姊妹、十姊妹，体态相类，种法亦同。"

下种

种秋海棠。（如九月法。）

种春菜。

种西瓜。（两步外为一坑。坑底筑平，以瓜子、大豆十数枚并下盖，借豆起土[1]也。粪土覆之，至春俱出。掐去豆，每坑留瓜四根。）

种瓠子。（如种瓜法。）

种茄子。（如种瓜法。）

种大、小豆。

种萝卜。

种诸色菜。

◎ 译文

种植秋海棠。（如同九月中的方法。）

种植春菜。

种植西瓜。（两步以外挖一个坑。坑底要平整，用瓜子、大豆十多个一起种下，盖上土，这是借助大豆拱起土壤。用粪土盖好，到了春天，大豆和西瓜的苗一同长出来。掐去豆苗，每个坑里留四根瓜秧。）

种植瓠瓜。（如同种瓜的方法。）

种植茄子。（如同种瓜的方法。）

种植大豆、小豆。

种植萝卜。

种植各种蔬菜。

秋海棠

[注释]

[1] 借豆起土：瓜子顶土能力较弱，大豆顶土能力很强。把它们种在一起，是为了借助大豆种子的能力帮助瓜子长出地面。元人王祯《王祯农书·甜瓜》："先以水净淘瓜子，以盐拌之，坑深可五寸，口大如斗。纳瓜子四个，大豆三个，以熟粪土覆之。瓜生数叶，掐去豆。瓜性弱，以豆为之起土。瓜生掐豆，汁出，更成良润。"

过接

接花果。

◎ 译文

嫁接花果。

琼花

扦压

压海棠。（如二月法。）

压桑条。

◎ 译文

压条海棠。（跟二月的方法一样。）

压条桑条。

滋培

浇牡丹。（三四日以粪水浇一次。）

浇芍药。

浇水仙。

浇山茶。

浇石榴。

浇杨梅。

浇栗。

浇柑、橙、橘。（落果后，用七分粪、三分水浇之。）

浇枇杷。

壅樱桃。（肥土。）

壅山丹。（用鸡粪壅，剪去上枝。）

壅芋。（马牛粪。）

壅各花木。（用猪粪和土，令发热为肥土，三冬[1]壅之，花必多。）

壅建兰。（培土。）

壅柑橘。（以河泥壅其根。一岁中四锄，去尽草为妙。）

◎ 译文

浇灌牡丹。（三四天用粪水浇灌一次。）

浇灌芍药。

浇灌水仙。

浇灌山茶。

浇灌石榴。

樱桃

浇灌杨梅。

浇灌栗树。

浇灌柑树、橙树、橘树。（落果以后，用七分粪、三分水浇灌。）

浇灌枇杷。

培壅樱桃。（用肥沃的土。）

培壅山丹。（用鸡粪培壅，剪去高处的枝条。）

培壅芝麻。（用马粪、牛粪。）

培壅各种花木。（把猪粪拌进土里，让土变成温热的肥土，冬天培壅，将来开花一定很多。）

培壅建兰。（用土培壅。）

培壅柑橘树。（用河泥培壅树的根部，一年中锄地四次，把杂草全部锄光才好。）

[注释]

[1] 三冬：冬季三个月的合称。明人徐光启《农政全书·谷部上》："荒俭之岁于春、夏月，人多采掇木萌、草叶，聊足充饥。独三冬、春首最为穷苦，所恃木皮、草根实耳。"木萌，刚刚长出的小树苗。

修整

建兰入窖。（以盆埋土中，上 ① 以篾笼 [1] 糊纸罩之。）

虎刺入檐。

截绣球。（春分接者，至此皮生，可截断别栽。）

菊入室。

截海棠。（春分接者，至此截断，压者亦于此时截断。）

茉莉入窖 [2]。（如无地窖，要于朝南屋内掘一浅坑，将花盆放下平地，以篾笼罩之，勿令通风。）

素馨入窖。（如茉莉法。）

夹竹桃入室。（性畏寒，不可见霜雪。十月初宜放向阳处。喜肥，不可缺壅。）

朱蕉入窖。（如茉莉法。）

菖蒲入窖。

[校记]

① 原文作"土"，文义不通，今改正。

◎ 译文

建兰搬进地窖。（连盆埋到土里，上面用糊着纸的篾笼罩住。）

把虎刺搬到屋檐下。

截断绣球的枝干。（打算到春分时嫁接的，这时候已经生出了表皮，可以截断，然后移栽到别处。）

菊花搬进室内。

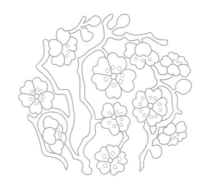

截断海棠。（准备在春分时嫁接的，这个时候可以截断。打算压条种植的，这时也可以截断。）

把茉莉搬进地窖。（如果没有地窖，就要在朝南的屋子里挖一个浅坑，将花盆放到比较低的平地上，然后用篾笼罩住，不要让它通风。）

把素馨搬进地窖。（像茉莉花一样。）

把夹竹桃搬进室内。（生性怕冷，不能遭受霜雪。十月初就应该放到向阳的地方。夹竹桃喜欢肥土，不能缺少粪肥的培壅。）

把朱蕉搬进窖窖。（像茉莉花一样。）

把菖蒲搬进地窖。

[注释]

[1] 篾笼：竹笼。清人汪灏《广群芳谱·茉莉》："若南方冬月，只于朝南屋内掘一浅坑，将盆放下，以篾笼罩花口，傍以泥筑实，无隙通风。"

[2] 茉莉入窖：不少明清农书涉及了茉莉的冬季保暖措施问题，与这段文字介绍的方法大同小异。如，明人高濂《遵生八笺·茉莉花二种》："若天色作寒，移置南窗下，每日向阳，至十分干燥，以水微湿其根。或以朝南屋内泥地上掘一浅坑，将花矼（gāng）存下，以矼平地，上以篾笼罩花口，傍以泥筑实，无隙通风，此最妙法也。"花矼就是花盆。

收藏

收枸杞。

收芋艿 [1]。

收芙蓉桩。（斫下长条，用稻草扎①稳，埋于向阳地，上盖细泥，勿令雨水浸之。来年清明时，取起扦之。）

收茶子。

收山药子。

收桑叶。

收芋头。

收冬瓜。

收朱蕉。（此物性极畏冷，经霜即萎。花后，盆盛之，置卧床暖处或地窖中尤妙，亦如茉莉法。）

[校记]

① 原文作"札"。古书中"札""扎"二字常常混用，今据文意改正。

◎ 译文

收藏枸杞。

收藏芋艿。

收藏芙蓉桩。（砍下长枝条，用稻草捆扎好，埋在向阳的地方，上面用细土盖住，不要让雨水渗进去。第二年清明时，取出扦插。）

收藏茶树种子。

收藏山药种子。

收藏桑叶。

收藏芋头。

收藏冬瓜。

收藏朱蕉。（朱蕉生性极其畏寒，遇到风霜就枯萎。花开过后，用盆盛好，放到床边温暖的地方或者地窖中，都非常好。与收藏茉莉花的方法相同。）

[注释]

[1] 芋艿：植物名。古代也称"蹲鸱"。叶子盾形绿色，地下块茎呈球形或卵形，富含淀粉，可供食用。也特指芋艿比较大的块茎。

木槿

使君子

防忌

忌分兰蕙。（花已胎孕^[1]，此后俱不可分。）

◎ 译文

忌分栽兰蕙。（花已受孕，从此以后都不能分栽。）

[注释]

[1] 胎孕：身孕，孕育。清人黄景仁《黄山松歌》："丹砂虎珀共胎孕，亭亭上结朱霞封。"这里是说种子正在兰蕙中生长。

十 一 月

大雪^[1]为十一月节，小雪^[2]为十一月中。

◎ 译文

　　大雪是十一月的节令，小雪在十一月中间。

[注释]

　　[1] 大雪：传统二十四节气之一，在阳历12月6日、7日或8日。

　　[2] 小雪：传统二十四节气之一，在阳历11月22日或23日。

移植

移松柏[1]。（只要根实，不令摇动，自活。）
移茶梅。
移山茶。
移蜡梅。
移桧。
移梧桐。（如十月法。）

◎ 译文

移栽松柏。（只要树根扎实，不受摇晃，自然就会成活。）
移植茶梅。
移植山茶。
移植蜡梅。
移栽桧树。
移栽梧桐。（方法如同十月。）

[注释]

[1] 移松柏：出自南宋温革《分门琐碎录·种木法》中的"种松，大概与竹同。只要根实，不令摇动，自然生也"。

木香

分栽

分蜡梅。
栽桑树。
栽莴苣。
栽芥菜。

◎ **译文**

分栽蜡梅。
分栽桑树。
分栽莴苣。
分栽芥菜。

茑萝

茉莉花

下种

种橙、柑、橘。

种油菜。

种莴苣。

种萝卜。

◎ 译文

栽种橙树、柑树、橘树。

种植油菜。

种植莴苣。

种植萝卜。

扦压

扦众花果 [1]。（冬至后立春前，斫直枝有鹤膝 [2] 如拇指大者，长二尺许，扎于芋魁中，掘地令宽，调泥浆，细切生葱一束，拌泥中埋之，覆以细土，勿令太实。当年有花，次年结实。）

◎ **译文**

扦插众花果。（从冬至到立春前，砍下像长着鹤膝似的有拇指那样粗细的枝条，大约两尺长，插入芋魁中。地挖得宽敞一些，调好泥浆，把一束生葱切细点，拌进泥土，然后埋到坑里，再盖上细土，不要埋得太实。当年开花，第二年就会结果。）

[注释]

[1] 扦众花果：这段文字出自北宋黄休复《茅亭客话·滕处士》："其栽果法：以冬至后立春前斫美果直枝，须有鹤膝大如拇指者，长可二尺以来，扎于芋魁中，掘土令宽，调泥浆，细切生葱一升许，搅于泥中，将芋块致泥中，以细土覆之，勿令坚实，即当年有花，来年始实，绝胜种核。"

[2] 鹤膝：鹤的膝关节。此处指中间突起、形似鹤膝的枝条。元人李衎《竹谱·异形品上》："鹤膝竹又名'木槵（huàn）竹'，生杭州西湖灵隐山中。节密而内实，略如天坛藤。间有突起如鹤膝，人亦取为拄杖。"

滋培

　　壅牡丹。（冬至前后，以钟乳粉和硫黄一二钱，掘开泥培之，则来年花茂。）

　　壅芍药。

　　壅石榴。

　　壅柑、橘。

　　壅梨枣。

　　壅栗。

　　壅柿。（俱用厚土。）

　　浇海棠。（用糟水、酒脚浇之，糖水亦可。冬至日浇之尤妙。）

　　浇牡丹。（爬[1]松根土，以宿粪浓浇一二次。）

　　浇建兰。（随各种所宜，或肥或瘦。）

◎ **译文**

　　培壅牡丹。（冬至前后，用钟乳粉拌着一二钱硫黄，掘开泥土培进去，第二年花很茂盛。）

　　培壅芍药。

　　培壅石榴。

　　培壅柑树、橘树。

　　培壅梨枣。

　　培壅栗树。

　　培壅柿树。（用厚土培壅。）

　　浇灌海棠。（用糟水、残酒浇灌，糖水也可以。冬至这一天浇灌，

绿萼梅

更好。)

浇灌牡丹。（先用耙子疏松根部的土，用浓稠的老粪浇灌一两次。）

浇建兰。（根据各个品种的特点浇灌，有的用肥水，有的用瘦水。）

[注释]

[1] 爬：即耙。一种带齿的农具，主要用途是打碎田间较大较硬的土块，让土壤变得细碎疏松。元人王祯《王祯农书·农器图谱》："耙，又作爬，……宋魏之间呼为'渠挐'，又谓'渠疏'。"也指用耙打碎土块的农事活动。

修整

芟荼蘼、蔷薇。（芟去繁枝、嫩条。）

芟木香。（去小枝条。）

盖瑞香。（见日不可；见霜，盖之过夜。）

夹篱。

遮宝珠茶。（南花畏寒，宜作幕罩之，则花耐久。至春，乃宜去之。）

治果树[1]。（凿小窍，纳钟乳粉少许，则子多且美。又：树老，将根上皮揭起，用钟乳和泥抹之，则茂盛如故。）

劚桃皮[2]。（桃三四年，须用刀划皮，乃盛，否则难长。）

遮牡丹。（寒时须以草遮霜雪。）

埋菊根。（开花后去其枝，埋向阳地，遮护霜雪。）

护建兰。（土宜干，又宜微润。）

◎ **译文**

修剪蔷薇、荼蘼。（剪掉多余的树枝、细嫩的枝条。）

修剪木香。（剪去小的枝条。）

遮盖瑞香。（不能见烈日。遇到风霜，夜里要用东西遮住。）

修整篱笆。

遮护宝珠茶。（南方的花怕冷，应该制作幕布罩住它，花开得才能持久。到了春天，就需要撤去幕布。）

整治果树。（凿一个小孔，塞进少量的钟乳粉，结出的果实就会又多又美。另外，如果树老了，可以把根上的皮揭开，抹上拌了钟乳粉的泥土，老树就会重新茂盛起来。）

柿子

划开桃树皮。（长了三四年的桃树，必须用刀子划开一些树皮，才能茂盛。否则，很难继续生长。）

遮护牡丹。（寒冷的时候，必须用草遮挡霜雪。）

埋菊根。（开花后，剪去枝叶，埋到向阳的地方。还要注意遮护，防止霜雪。）

保护建兰。（适合用干燥的土壤，同时也要稍微湿润一点。）

[注释]

[1] 治果树：出自南宋温革《分门琐碎录·治果木法》中的"凿果树，纳少钟乳末则子多且美。又，树老，以钟乳末和泥于根上，揭去皮抹之，树复茂"。

[2] 劙（lí）桃皮：劙，即劙，用刀子轻轻划开。明人陶宗仪《辍耕录·金果》："以刀逐个劙去青皮，石灰汤焯过，入熬熟，冷蜜浸五七日，漉起控干。"桃皮是指用刀子划开桃树的表皮，防止因树皮过紧而影响桃树生长，这种果树栽培技术，最早见于北魏贾思勰《齐民要术·种桃柰》中的"桃性皮急，四年以上，宜以刀竖劙其皮。不劙者，皮急则死"。皮急，意思是树皮太紧。

收藏

埋芙蓉条。（如十月法。勿令水侵。）

收橄榄^[1]。（将熟时，用竹钉钉之，或纳盐少许于皮下，则子尽自落。）

◎ **译文**

埋芙蓉枝条。（如同十月的方法。不能让水侵入。）

收获橄榄。（橄榄快熟的时候，用竹钉钉它的树干，或者往树皮下边放进少量的盐，果实就会自然掉落。）

[注释]

[1] 收橄榄：往树皮上擦盐是古代收橄榄时的常用方法，因为盐的主要成分是氯化钠，大量的钠会破坏植物体内的正常代谢，引起树干水分的外渗现象，失去水分的叶、果就会自动脱落。宋元以来的古书中，这方面的记载颇为常见。南宋陈鹄《耆旧续闻》卷二："东坡《橄榄》诗云'纷纷青子落红盐'，盖北人相传以为橄榄树高难取，南人用盐擦，则其子自落。今南人取橄榄虽不然，然犹有此语也。"又如，宋人吴怿《种艺必用》："橄榄将熟，以竹钉钉之，或盐纳于皮下，其实自尽落。"用竹钉钉树身，可以破坏水分的向上输送，与树身擦盐的道理差不多。

防忌

忌种竹[1]。（冬至前后各半月不可种植。盖天地之气至此闭藏[2]，栽竹多死。）

◎ **译文**

忌讳种竹。（冬至前后各半个月内，都不可栽种竹子。因为这个时候天地的元气已经封藏，栽种的竹子多半会死掉。）

[注释]

[1] 忌种竹：出自南宋温革《分门琐碎录·竹杂说》中的"冬至前后各半月不可种植。盖天地闭塞而成冬，种之必死"。

[2] 闭藏：闭塞掩藏。春秋齐人管仲《管子·度地》："当冬三月，天地闭藏。"

十 二 月

小寒[1]为十二月节，大寒[2]为十二月中。

◎ 译文

　　小寒是十二月的节令，大寒在十二月中间。

[注释]

　　[1] 小寒：传统二十四节气之一，在阳历1月5日、6日或7日。

　　[2] 大寒：传统二十四节气之一。在阳历1月20日或21日，一般是我国气候最冷的时候。

移植

移山茶。（冬寒，宜植向暖。如大雪，以幕盖之，恐初移者易冻损也。）

移海棠。

移玉梅。

移蜡梅。

移梧桐。（如十月法。）

◎ **译文**

移栽山茶。（冬天寒冷，应该种到暖和的地方。如果遇到大雪，用幕布遮盖，担心刚移栽的树苗容易冻坏。）

移植海棠。

移植玉梅。

移植蜡梅。

移栽梧桐。（如同十月的方法。）

分栽

分李秧。（根下自出小秧，分栽易活。）

◎ **译文**

分栽李树秧苗。（李树根部自己生出的小秧苗，分栽后容易成活。）

下种

种松、柏。

◎ **译文**

栽种松树、柏树。

柏树

扦压

扦石榴。（二十五日为妙。）

扦蔷薇。

扦柳 [1]。（二十四日扦杨柳不生虫，扦时先用木桩 [2]
钉土成孔，方扦下，庶不损皮，易长。）

扦月季。

压桑条。

压果树。

◎ **译文**

扦插石榴。（二十五日最好。）

扦插蔷薇。

扦插柳树。（二十四日扦插杨柳，不易生虫。扦插时，先用木桩在
土里打一个洞，然后再插进去，这样就不会损伤树皮，也容易生长。）

扦插月季。

桑树压条。

果树压条。

[注释]

[1] 扦柳：这段文字中，防治树木病虫害的方法值得怀疑。出自南宋温革《分门琐
碎录·种木法》中的"凡扦杨柳，先于其下钻一窍，用沙木作钉，钉其窍而后栽，则
永不生毛虫"。保护所插枝条的方法，应该是可信的。

[2] 木桩：木橛、小木块。宋代佚名《南窗记谈》："王眉叟真人于清湖开元宫殿前
立虞伯生所撰碑，先用木桩打入地，然后于上立石，及木桩入地丈余，不复可打。"

滋培

浇瑞香。（宜用焊猪汤。）

浇新接花木。（此月沃以粪壤，至春时自然茂盛。）

壅桑。（添土。）

壅桂。（腊雪壅根，来年自盛。）

浇众花木。（凡花以腊粪浇之，至春必盛。）

◎ 译文

浇灌瑞香。（适宜用烫过猪毛后的水。）

浇灌新接的花木。（这个月里，把粪浇进土壤，春天时花木自然茂盛。）

培壅桑树。（添加泥土。）

培壅桂树。（用腊月的雪培壅树根，第二年自然就很茂盛。）

浇灌众花木。（所有的花，用腊月的粪浇灌，春天必定旺盛。）

修整

伐竹木 [1]。（此月伐者，不蛀。）

斫果树 [2]。（晦夜 [3] 用斧斫果树，则子不落。）

压果树。（晦夜用大石压树丫枝，则子繁不落。）

墩牡丹皮。

扎木香上阑。（此月扎之上架，则不生小嫩枝，六月亦可。）

扎蔷薇。（如上。）

暖树 [4]。（南方果树如橙、柑之类，移向北方则畏寒多萎。惟于此月少去根旁之土，用麦穰 [5] 厚覆之，燃之以火，厚培一二年，皆结实。岁用此法，则可无恙。）

护建兰。（宜暖怕冻，干润得宜乃妙。）

◎ **译文**

砍伐竹木。（这个月砍伐的竹木，不生蛀虫。）

砍果树。（最后一天的晚上，用斧背轻砍果树，今后结出的果实就不容易掉落。）

压果树。（最后一天的晚上，用大石头压到果树的枝杈上，今后结出的果子多而且不容易掉落。）

捆扎丹皮。

捆扎木香放到栏架上。（这个月捆扎木香，然后上架，就不会再生小的嫩枝。六月也可以。）

捆扎蔷薇。（和上面的方法一样。）

暖树。（柑、橙之类的南方果树，移植到北方之后因为怕冷，多半就会枯萎。只有在这个月，去掉根旁的少量泥土，用麦穰厚厚地盖住

贴梗海棠

树根，再用火烤加温，这样培壅一两年，就能结果了。每年用这种方法，再也没有什么问题。）

　　防护建兰。（建兰喜欢温暖，害怕受冻，土壤需要干湿得当。）

[注释]

　　[1] 伐竹木：本条出自南宋温革《分门琐碎录·竹杂说》中的"竹以三伏内及腊月中斫者，不蛀。"

　　[2] 斫果树：也就是古代农书中常常提到的嫁树之法。如，唐人韩鄂《四时纂要·嫁树法》："元日日未出时，以斧斑驳椎斫果木等树，则子繁而不落。"操作的具体时间，略有不同。

　　[3] 晦夜：晦即晦日，指阴历每月的最后一天，晦夜则指当天晚上。

　　[4] 暖树：这种果树由南向北移栽的技术，出自南宋温革《分门琐碎录·木总说》："木自南而北多苦寒而不生，只于腊月去根旁土，取麦穰厚覆之，燃火成灰，深培如故，则不过一二年皆结实。若岁用此法，则南北不殊，犹人灼艾耳。"

　　[5] 麦穰：麦子的秆茎。清人蒲松龄《聊斋志异·河间生》："河间某生，场中积麦穰如丘，家人日取为薪，洞之。"

图书在版编目（CIP）数据

花佣月令 /（明）徐石麒著；化振红译注 .—武汉：湖北科学技术出版社，2018.10

（中国历代花经丛书）

ISBN 978-7-5706-0318-3

Ⅰ . ① 花… Ⅱ . ① 徐… ② 化… Ⅲ . ① 花卉 - 观赏园艺 - 中国 - 明代 Ⅳ . ①S687.3

中国版本图书馆 CIP 数据核字 (2018) 第116084号

责任编辑：胡 婷 周 婧
封面设计：胡 博
出版发行：湖北科学技术出版社
地 址：武汉市雄楚大街268号（湖北出版文化城 B 座13~14层）
邮 编：430070
电 话：027-87679468
网 址：http//www.hbstp.com.cn
印 刷：武汉精一佳印刷有限公司
邮 编：430034
开 本：889 X 1220 1/32
印 张：7.5
版 次：2018年10月第1版 2018年10月第1次印刷
字 数：200 千字
定 价：68.00 元